蝶蛾

探究指南

主编 张 宁

编者 张 宁 朱 群 刘 贤 罗羽忠

U0221478

上海科学技术出版社

图书在版编目（CIP）数据

蝶蛾探究指南／张宁主编．—上海：上海科学技术
出版社，2018.6（2020.7 重印）
ISBN 978-7-5478-4018-4

Ⅰ．①蝶…　Ⅱ．①张…　Ⅲ．①蝶蛾科－研究－指南
Ⅳ．①Q969.42-62

中国版本图书馆 CIP 数据核字（2018）第 105685 号

蝶蛾探究指南
主编　张　宁

上海世纪出版（集团）有限公司
上 海 科 学 技 术 出 版 社　出版、发行
（上海钦州南路 71 号　邮政编码 200235　www.sstp.cn）
永清县晔盛亚胶印有限公司印刷
开本 890×1240　1/32　印张 7
字数 190 千字
2018 年 6 月第 1 版　2020 年 7 月第 2 次印刷
ISBN 978-7-5478-4018-4/N·146
定价：58.00 元

序

《蝶蛾探究指南》一书终于与大家见面了！

记得2年前在上海市Bioblitz生物限时寻活动中，一本亚马孙雨林科考纪实图册引起了我的注意。全书记录了"野趣虫友会"一行8人远赴巴西进行蝶类多样性考察的艰辛历程和所取得的成果。该书中的上百幅南美蝴蝶生态照片格外引人注目，其中不乏蓝闪蝶、猫头鹰蝶、君主斑蝶、"88"蝶等昆虫爱好者所津津乐道的世界名蝶。而那次活动的策划人和蝴蝶生态照片的拍摄者就是本书的主编张宁老师。不久前，他的"高徒"、曾参加过科考活动的杨行健同学凭借所撰写的《亚马孙雨林局部区域蝶类资源初步调查及对环境保护的启示》一文，荣膺"上海少年科学院小院士"和"中国少年科学院十佳小院士"称号，值得庆贺。

据悉，像杨行健这样的"虫迷"均来自张宁创办的"野趣虫友会"。每当节假日，志趣相投的老少虫友常会齐聚在"野趣虫友沙龙课堂"，或交流分享识虫、赏虫、捕虫、摄虫、养虫、研究虫的门道，或提上虫网，端起相机，穿梭于群山溪谷、雨林深处，奔走在郊野田园、花海草丛，探寻昆虫跃动的身影，记录蝶飞蜂舞的美姿。近年来，除了巴西亚马孙雨林，虫友会成员的科考足迹还遍及马来西亚加里曼丹岛（婆罗洲），泰国清迈和我国海南尖峰岭、云南高黎贡山、广西大瑶山、湖南张家界、福建武夷山、浙江天目山、四川蜂桶寨、陕西太白山、新疆阿勒泰、内蒙古大兴安岭、黑龙江漠河等昆虫多样性丰富的地区。

张宁是上海师范大学生物系86届毕业生，大学期间师从沈水根老师专修昆虫学，迷恋蝴蝶一直至今。毕业30多年来，他一直致力于蝶类的多样性调查研究，坚守在昆虫科教工作的第一线，曾发起开展"蝶行中国"和"虫游天下"大型科考活动，组建青少年昆虫科考队，策划"绿色有约"昆虫爱好者夏令营，创建青少年蝴蝶科教馆，编写"走进蝴蝶世界"校本教材，成立昆虫科教联盟体，举办蝴蝶科普艺术展……他将蝴蝶的科学性和艺术性融为一体，将"与虫共舞"的科考经历和乐趣分享给他人，并将环保理念通过昆虫科考活动、摄影作品、科普展览进行传播。这种对昆虫科学的热爱和执着的探索精神令人感动和佩服。

开展青少年昆虫科普教育就应把孩子们引入神奇的昆虫世界，用自然特有的魅力激发他们的探索热情，而张宁就是这些孩子们背后的那个守望者和掌舵人。

凝聚多年心血的《蝶蛾探究指南》是张宁长期专注于昆虫科教工作的结晶。本书共分 6 篇，涵盖了蝶蛾认知、鉴赏、科考、制作、活动、研究的方方面面，可作为蝶蛾类昆虫的科普读物，也可作为蝶蛾爱好者进行野外实习的参考用书。本书的出版可为青少年投身于昆虫实践教育活动提供指导，有利于推动学校昆虫科教活动的广泛开展。

借《蝶蛾探究指南》出版之际，我欣然作序，以表祝贺。

上海市昆虫学会副理事长
上海市动物学会副理事长
上海市自然保护区评审委员会委员
2018 年 3 月于上海

前　言

　　昆虫，这种布满天地之间的生命精灵，在生物进化历史中，其种类与数量都称得上是地球"霸主"，它们对人类的未来生存和地球的生态系统起着举足轻重的作用。如果让大家回答："谁是昆虫王国中的佳丽？"答案大多是："蝴蝶！"没错，蝴蝶自古以来就被誉为"会飞的花朵""大自然的舞姬"，作于诗篇，编入歌舞，绘入画中，备受人们喜爱。1994年，由周尧教授主编的《中国蝶类志》问世，从此，我国的蝴蝶热升温，蝴蝶业催生，蝴蝶迷涌现。20多年中，全国相继出版了各种用于蝴蝶资源查询和分类的蝴蝶志和用于蝴蝶生境鉴别的生态摄影类图书，这些书籍为蝴蝶爱好者鉴赏、交流起到了很好的参考作用。

　　然而，与蝴蝶同为鳞翅目，有着孪生关系的蛾却较少引起人们的注意，这可能是蛾的作息时间与人类相反、体色体态不及蝴蝶的缘故吧。殊不知，在全世界170 000种鳞翅目昆虫中，蝴蝶仅占10%，而90%是蛾！这个庞大的蛾类家族，虽总体不如蝴蝶引人注目，但也不乏奇特艳丽的种类，它们的进化年代更早，生物多样性更为明显，未解的科学奥秘更多，与人类的关系也更为密切（我们熟知的蚕丝、冬虫夏草都与蛾有关）。

　　作为在绿色地球村上与我们毗邻而居的昆虫大家族成员之一，蝶蛾是一种尚未被人类完全认识的自然资源，其多姿的体态、多彩的体色、多样的行为，对人类的文化艺术产生了深远的影响，为人类探索科学提供了有意义的启迪。生生不息的蝶蛾世界是我们在生态环境中接受科普教育最有用，也是最便利的"活教材"之一。喜爱昆虫是少年儿童的天性，蝴蝶那翩翩飞舞的姿态和蛾神秘的生活方式，深深地吸引着孩子们的探究目光，也常常激起他们对大自然的美好遐思："蝴蝶为什么这么美？""蝴蝶和蛾该如何区分？""蛾是害虫还是益虫？"近年来，昆虫教育资源的开发与利用受到越来越多人的关注，开展昆虫科教活动是许多国家培养学生科学探究精神和实践创新能力的有效尝试，通过对蝶蛾的认知、观察、接触、采集、养殖、标本制作、研究等活动，让他们充分感受到蝶蛾世界的神奇与魅力。在近30年的昆虫科教工作经历中，笔者发现学生对蝶蛾知识方面有一定的了解，但在鉴赏和实践等方面，能力还远远不够，如对采集到的蝶蛾不能正确识别、蝶蛾饲养的方法掌握不透、蝶蛾标本制作不够规范、蝶蛾小课题研究无从着手等。因此，笔者萌生了编写一本适合学校开展蝶蛾科教活动的指导性图书的想法，以引导蝶蛾爱好者走进这个奇妙的鳞翅目昆虫王国。

为了让广大读者直观了解蝶蛾的基本知识，有效掌握蝶蛾科考的基本技能，以及组织开展蝶蛾科教活动，作者将30多年积累的第一手蝶蛾科考素材和活动经验进行梳理和归类，最终完成了《蝶蛾探究指南》。本书由基础知识，采集、摄影和饲养，标本与工艺品制作，主题活动，探究与案例，认识蝶蛾6部分组成，书中图片大多由作者从野外实地拍摄或室内实景拍摄（除署名外），本书力求图文并茂、通俗易懂、演示翔实，是一本适合学校开展昆虫科教活动的参考教材，也可作为蝶蛾爱好者自学的入门读物。

本书编写过程中得到了诸多昆虫专家和业内行家的帮助和指导。昆虫学博士李利珍教授在百忙之中为本书作序，令我深感荣幸。《上海蝴蝶》主编陈志兵高级工程师主动承担了全书繁重的审阅工作。蝴蝶标本收藏家王家麒鉴定了书中的全部蝶类。上海科学技术出版社编辑张斌为本书的出版定调把关，煞费苦心。对以上各位的辛勤付出，本人深表谢意。

由于作者水平和经验有限，错误和不足在所难免，欢迎专家和同行批评指正。

主　编

2018 年 3 月于上海

目　录

基础知识

采集、摄影和饲养

标本与工艺品制作

主题活动

探究与案例

认识蝶蛾

3

基础知识

　　如果你仅仅是一个初级昆虫爱好者，本篇的内容还是值得你去仔细阅读和认真品鉴的，尤其是里面那些生动又形象的蝶蛾生态照片，它们远比文字更有说服力。正如左图中的美凤蝶所产生的画面效果是不言而喻的。

蝶蛾与人类的关系

生物进化的研究表明，鳞翅目昆虫早在 1.8 亿年前就在地球上诞生了，真可谓是人类的"老前辈"。千百年来，蝶蛾与人类有着共存共荣的密切关系，和人们的日常生活息息相关，特别在生态学、遗传学、生理学、仿生学、农学等自然科学领域，以及戏剧、诗歌、绘画和美术设计等人文科学领域都是人们研究和利用的重要资源。

生态关系

自然界的蝶蛾对空气质量和水质要求苛刻，是生物多样性研究中引人注目的类群之一。当今世界各国已将鳞翅目昆虫作为人类宜居环境的指示性生物，一座有蝶蛾繁衍生息的城市，一定是生态环境良好的城市（如我国珠海、海口等），其生态价值不言而喻。

经济关系

家蚕、柞蚕、蓖麻蚕、天蚕等昆虫所产的蚕丝是丝绸产品的基本原料。

蚕蛹在我国是有名的营养品，豆天蛾幼虫与蛹、甘薯天蛾、芝麻木天蛾、葡萄天蛾、桃天蛾、沙枣尺蠖、木尺蠖、松毛虫、蓑蛾、刺蛾、樟蚕、茶蚕、家蚕、柞蚕、红铃虫、玉米螟、竹螟等都是营养丰富的食品，被广泛食用。

冬虫夏草是名贵的中药，由虫草菌寄生于蝙蝠蛾等鳞翅目幼虫体内而形成，具有补肺益肾、止咳化痰的功效。金凤蝶幼虫（茴香虫）以酒醉死，焙干研成粉可治胃病、疝气等。黄刺蛾（茧蛹）可治小儿惊厥、癫痫、口腔溃疡等病。高粱条螟幼虫入药治便血、痔疮等。

蝶蛾和蜂一样，是重要的授粉昆虫，给人类带来了巨大的经济效益。

蝶蛾是农林害虫中种类最多的，对农林植物以及粮食、药材、干果、皮毛等储存物品为害甚大，造成巨大的经济损失，最有名的害虫有菜粉蝶、稻苞虫、稻螟虫、粘虫、玉米螟、棉铃虫、苹果蠹蛾、松毛虫等。

科研关系

蝴蝶鳞片防热和保温的科学原理已运用到了人造地球卫星上，在航天领域发挥了巨大作用。人们利用光谱分析仪专门研究蝶翅色谱规律，运用于服装设计行业，也有人通过研究蝶翅表面细微结构与颜色线条变化的原理研制出了钱币防伪的最新印刷技术。随着科学的发展，蝶蛾的仿生学将会得到更广泛的应用。

文化关系

庄周梦蝶、梁祝化蝶等美丽的传说脍炙人口、家喻户晓，成为我国非物质文化遗产的重要组成部分。在我国古诗词中有关咏蝶的就达 5 000 多首，李商隐的"庄生晓梦迷蝴蝶，望帝春心托杜鹃"，李白的"八月蝴蝶黄，双飞西园草"，杜甫的"穿花蛱蝶深深见，点水蜻蜓款款飞"等都是不朽佳作，流传至今。唐代的"滕派蝶画"技法精妙，历经 1 000 多年仍未失传，宋代绘画作品《晴春蝶戏图》中的蝴蝶栩栩如生、惟妙惟肖。蝴蝶形象还广泛用于邮票、风筝、剪纸、陶瓷、景泰蓝等工艺中，装点着人们美好的生活。

商业关系

由于蝶与蛾的美丽多姿，蝶蛾标本一直成为昆虫爱好者和博物馆竞相收藏的对象，近年来蝶蛾工艺品的交易买卖非常活跃，蝴蝶生态园建设方兴未艾，俨然成为旅游市场的新宠。据资料显示，我国台湾地区 1976 年的蝶类出口总额就高达 3 000 万美元之多，可见其商业价值巨大。

上海市浦东新区青少年活动中心虫趣馆

综上所述，鳞翅目昆虫与人类的生活密不可分，只有掌握了它们的种类、分布与习性，我们才能充分地保护它们并利用它们有益的一面，防控它们有害的一面，尽可能化害为利，为人类造福。

蝶蛾的生物学特性

······· 外形构成

　　蝶蛾的成虫由头、胸、腹3部分组成，头部有1对触角、1对复眼和1个虹吸式口器，是感觉中心；胸部由前、中、后3节组成，各生1对足，中后胸各生有1对翅，是运动中心；腹部由10节组成，是生殖中心。

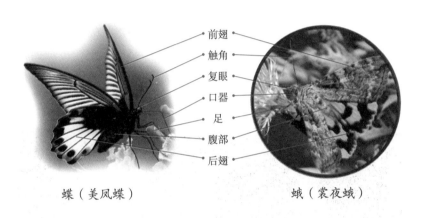

前翅
触角
复眼
口器
足
腹部
后翅

蝶（美凤蝶）　　　　　　　　蛾（裳夜蛾）

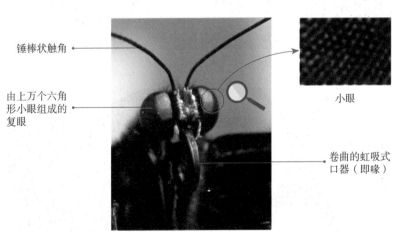

锤棒状触角

由上万个六角形小眼组成的复眼

小眼

卷曲的虹吸式口器（即喙）

蝴蝶的头部组成（玉带凤蝶）

········ **体色** ········

　　当你捉到一只蝴蝶或蛾时，手上会很容易沾到一些细细的粉末，那就是构成蝶蛾娇艳斑斓"外衣"的主要成分——鳞片。鳞片是细胞的衍生物，即由特化的真皮细胞延伸后突出至表皮层外形成的。经科学研究证实，蝶蛾绚丽多彩的原因有3种：一是鳞片本身含有无数微小的色素颗粒，由此形成各种颜色（即色素色，也称化学色），当不同波长的光和色素颗粒起化学变化时，色素色就会褪淡或消失（如虎斑蝶、绿尾大蚕蛾等大部分蝶蛾）；二是鳞片表面的细微构造所引起的反射和干扰而产生的光泽（即结构色，也称物理色），在不同的投射角度和不同光源下，可产生不同的金属光泽和变幻色（如大蓝闪蝶、光明女神蝶等）；三是鳞片兼有化学色和物理色（即混合色，也称理化色），两种色源相互交织在一起而产生细微变色的翅面（如大紫蛱蝶、紫闪蛱蝶等）。

 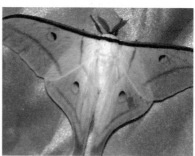

虎斑蝶和绿尾大蚕蛾的色素色

大蓝闪蝶的结构色　　　　　　大紫蛱蝶的混合色

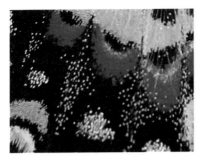

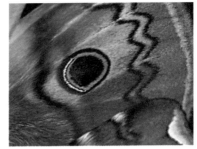

中华虎凤蝶的鳞片　　　　　　银杏珠天蚕蛾的鳞片

　　那么，蝶蛾的鳞片又是怎么排列的呢？看看经高倍显微镜放大后的菜粉蝶、巴黎翠凤蝶、绿豹蛱蝶和金裳凤蝶的鳞片，可见其形状多样，大多呈覆瓦状排列，松紧不一。如选取不同的蝶蛾进行观察，更多奇特的鳞片会让你大开眼界。

放大后的蝴蝶鳞片结构

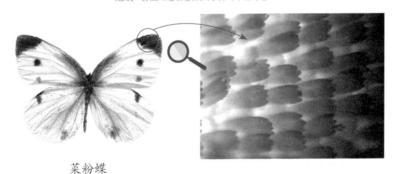

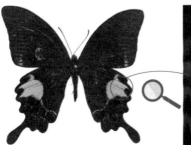

菜粉蝶

巴黎翠凤蝶

绿豹蛱蝶

金裳凤蝶

蝶蛾背腹面鳞片构成都是有差异的，有的比较相似（如凤蝶、斑蝶、斑蛾等），有的差异比较明显（如蛱蝶、闪蝶、夜蛾等）。

背腹面差异较小的蝶蛾

（背面）　　　　　　　　　　　　（腹面）

中华虎凤蝶

（背面）　　　　　　　（腹面）

虎斑蝶

（背面）　　　　　　　（腹面）

华庆锦斑蛾

背腹面差异较大的蝶蛾

（背面）　　　　　　　（腹面）

大蓝闪蝶

（背面）　　　　　　　（腹面）

枯叶蛱蝶

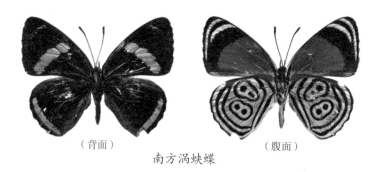

（背面）　　　　　　　　　　（腹面）

南方涡蛱蝶

······ 生活史 ······

在野外，我们不难发现飞翔的蝶蛾，但有多少人会想起这些美丽的成虫是由令人生厌的毛毛虫变来的呢？蝶蛾的一生由一个从"丑小鸭"蜕变为"白天鹅"的奇妙过程，如你亲眼目睹，必然会感叹大自然造物主的伟大。在整个生命过程中，蝶蛾在外形、生活习性和内部结构等方面要发生一系列显著变化，这种现象称为变态。它们的一生要经过卵、幼虫（毛毛虫）、蛹、成虫4个阶段，是完全变态的典型。我们用"生活史"来描述蝶蛾充满变化的一生。

卵　　幼虫　　蛹　　成虫

红珠凤蝶的一生

卵　　幼虫　　茧蛹　　成虫

黄刺蛾的一生

.... 生活习性 ....

● 取食

蝶蛾成虫没有舌头，也许你很难想象，它们的味觉器官竟然长在"脚"上。它们的前足一碰到花粉或汁液，就能判断是否可食，喙（虹吸式口器）就会立即展开。下图是虎斑蝶吸蜜的过程，请注意喙的变化。

前足感知味觉　伸长口器　口器插入花蕊　吮吸花蜜

虎斑蝶吸蜜的过程

蝶蛾成虫大多数是吸吮花蜜的，但由于种类不同，摄食对象也大不相同，并且绝大部分是专食性的。例如，有些蝴蝶嗜食发酵的烂果或蛀树渗出的汁液（如箭环蝶、大紫蛱蝶、白带螯蛱蝶、蒙链荫眼蝶等），有些蝴蝶嗜食人畜鸟兽的汗液

吸食花蜜的白斑翅野螟

或粪便（如红眼蝶、二尾蛱蝶、纤粉蝶等），而有些蝴蝶嗜食泥潭水（如燕凤蝶），这说明蝶类总体食性是很广泛的。

喜食烂水果的箭环蝶

喜食池塘水的绿带燕凤蝶

喜食鸟粪的纤粉蝶

喜食汗液的红眼蝶

喜食树汁的大紫蛱蝶

喜食粪便的二尾蛱蝶

取食马兜铃的丝带凤蝶幼虫

取食桂花的青球箩纹蛾

● 飞行

　　蝶蛾成虫的活动主要依靠飞翔。从慢动作看，蝶蛾飞行时前后翅是同时振动的，当翅膀上举时，后翅前缘靠向前翅，与前翅重合（蛾类靠前后翅之间的翅僵相连），这样前后翅就会压出之间的空气而推动前进。不同种类的蝶蛾，其翅形、翅质和

美凤蝶

大小是有差异的，从而形成了各种飞行状态，有直线平直前进、快如飞鸟的（如蛱蝶、天蛾）；有曲线波浪式前进的（如眼蝶、尺蛾）；有凌空不动如蜂鸟的（如燕凤蝶、长喙天蛾）；有忽东忽西、捉摸不定的（如灰蝶）；也有慢如轻烟、滑翔飞行的（如丝带凤蝶），徒手可捉。

丝带凤蝶

长喙天蛾

● 栖息

　　蝴蝶是昼出活动的昆虫，到了傍晚选择安静和隐蔽的场所栖息。一般都喜欢栖息在植物的枝叶下或树干上，有些则喜欢栖息在悬岩峭壁上面。一般的蝶类是单独栖息的，但是也有些种类，例如许多种斑蝶则喜欢群聚在一起栖息。

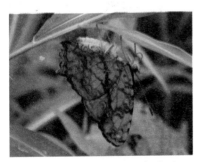

栖息在叶片下的散纹盛蛱蝶

栖息在树干上的蒙链荫眼蝶

13

栖息在岩壁上的朴喙蝶　　　　　群息在树枝上的各种斑蝶
　　　　　　　　　　　　　　　　　（陈敢清摄）

- 交尾

　　蝴蝶的交尾方式是尾部相接、头朝向两端，有直立式（如酢浆灰蝶等）、倒挂式（如宽边黄粉蝶等）、下垂式（如苎麻珍蝶、红珠凤蝶、玉带凤蝶等）。如遇惊扰，则雌蝶主动飞起，而雄蝶则安静地倒悬在下方，任其拖带着飞逃。

酢浆灰蝶交尾　　　　　　　　　　宽边黄粉蝶交尾

玉带凤蝶交尾　　　　　　　　　　苎麻珍蝶交尾

红珠凤蝶交尾　　　　　　　中华麝凤蝶交尾

蛾的交尾方式

● 产卵

　　卵是蝶蛾生命的起点，不同蝶蛾产卵有各自适宜的场所，绝不乱产。雌性一个夏季可产卵 100～300 个，通常产在寄主植物叶片、枝梢、芽的反面，有些种类的蝶蛾将卵产于特定的部位，且其所产的卵有特殊的排列方式。

丝带凤蝶产卵

苎麻珍蝶卵（聚产）

中华虎凤蝶卵（聚产）

玉带凤蝶卵（散产）

虎斑蝶卵（单产）

东北栎枯叶蛾卵

天敌

在蝶蛾的一生中，每一个阶段都可能遭遇天敌的侵害。蝶蛾的天敌有蜘蛛、寄生蜂、螳螂、螳蛉、老鼠等。

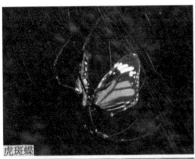

虎斑蝶

斐豹蛱蝶

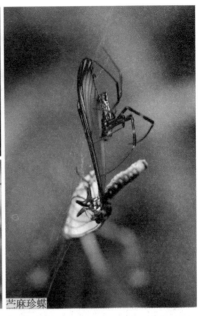

苎麻珍蝶

遭蜘蛛捕食的蝶类

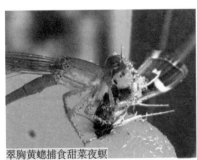

翠胸黄蟌捕食甜菜夜蛾

螳蛉捕食毒蛾

蛾的天敌

防身术

蝶蛾这些脆弱而美丽的生灵为了躲避天敌，必须采取独特的防御本领，才得以在漫长的物种进化过程中生存下来。例如，它们善于模仿某种自然的物象来躲避捕食者，科学家把这种现象称为"拟态"，枯叶蛱蝶便是昆虫家族的经典之作，它的栖息姿态是头端向下、尾部朝天，常双翅合拢，静止在无叶的树干上，从侧面看，它合拢后的双翅不仅在外形和色彩上酷似枯叶，甚至连脉络和斑点都与枯叶别无二致，模仿得惟妙惟肖。相比蝶类，蛾类的拟态能力则更强，如美舟蛾，凭借其形如卷叶的超高拟态本领而隐匿起来，而白条夜蛾、粉尺蛾、丁香天蛾和尾夜蛾停息时通过模拟石块、树皮和树枝来迷惑天敌。

紫斑蝶被抓后在其腹端翻出 1 对排攘腺散发臭味，借以自卫；凤蝶幼虫受惊时翻出臭角，散发臭气，以驱赶敌害；有些斑蝶的蛹具有金属光泽，在阳光下反射出刺眼的光，使天敌眼花缭乱。

枯叶蛱蝶

美舟蛾

大帛斑蝶蛹

粉尺蛾

异型紫斑蝶

柑橘凤蝶幼虫

蝶与蛾的区别

夏日的夜晚，在路灯下经常能见到一类昆虫，人们常把它误认为蝴蝶，其实它是鳞翅目昆虫的另一大类——蛾类。因此，那些飞舞的精灵不一定就是蝴蝶。那么，蝶与蛾该怎么区分？

触角的区别

锤棒状

羽毛状

丝状

蝶的触角　　　　　　　　　　　蛾的触角

翅型与腹部的区别

腹部细瘦　　翅型宽阔　　　　　翅型狭长　　腹部肥大

蝶的翅型与腹部　　　　　　　　蛾的翅型与腹部

停息时翅位的区别

蝶翅竖于背上或平展　　　　　　蛾翅呈屋脊状或平展

活动时间的区别

蝶大多白天活动　　　　　　蛾大多晚上活动

蝶蛾分布

　　蝶蛾的分布，一方面依赖于地理环境，另一方面依赖于对生态环境和寄主植物的要求。世界各地，从平原、盆地至高山雪地，从寒带到热带，从赤道到北极圈，都有蝶蛾的踪迹。公园花坛、丘陵林带、城市湿地、山地溪谷、自然湿地、草原草甸都是蝶蛾生存栖息的理想生境。

公园花坛

丘陵林带

城市湿地

山地溪谷

自然湿地

草原草甸

采集、摄影和饲养

要真实地了解蝶蛾的行为习性和生活奥秘，必须要经常深入自然，进行科学考察与探究。本篇将向你介绍蝶蛾采集、生态摄影、人工饲养等科考技能。

蝶蛾采集

• 捕网

　　捕网是采集蝶蛾标本的必备工具，由网圈、网袋和网柄3部分组成。

　　为便于采集途中携带和在不同环境下进行采集，捕网可由渔具市场上轻质、多节伸缩式的钓鱼抄网改装制作而成。根据采集者身高和体能选择合适的捕网。在采集时可根据蝴蝶活动状况和飞行高度灵活掌握网柄长度。

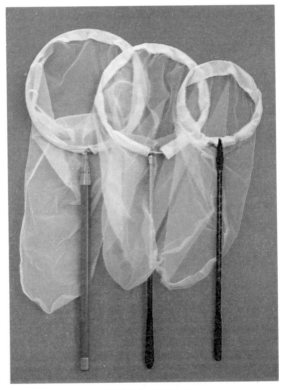

多款伸缩式捕网

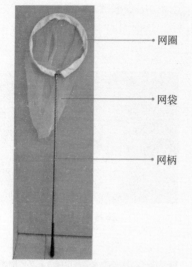

网圈 ●

网袋 ●

网柄 ●

伸长的网柄

网圈：常见有直径28～40厘米规格不等的网圈。

网袋：需用透明又透气的白色尼龙纱制成，开口处缝制用于穿入网圈的布圈，网袋直径与网圈相同，网底呈"U"字形。

网柄：网柄均能伸缩（一般2～6节），如有的网柄有6节，但收缩后柄长仅36厘米。

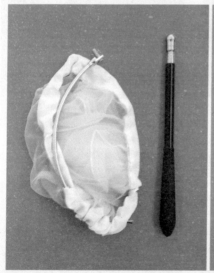

网杆可拆卸，网圈能折合，组合成套装

• 三角包

选用优质、半透明的硫酸纸或光滑的白纸，裁成不同大小的长方形（20厘米×14厘米、14厘米×10厘米、10厘米×7厘米等规格），按以下方法折成三角包，采集时可依据蝶蛾个体的大小选择包装。

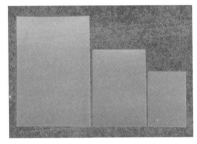

准备不同规格的硫酸纸

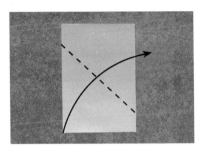

按线位上折

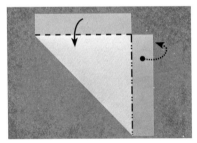

两边折向前后方

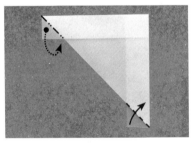

两角折向前后方

完成不同规格的三角包

视蝴蝶大小选用合适的三角包
进行包装

● 储存盒

为了在野外轻松采集标本，建议自制一个用来存放三角包标本的便携式储存盒，使用时穿挂在腰带上，非常方便。可参照以下图版，用塑胶片或厚卡纸制成，外形呈直角三角形，两边长各为 11 厘米，一边可以开启，斜边长 17 厘米，厚度以 4 厘米较为合适。当储存盒内的三角包标本达到一定数量后，再将其置于一个硬质的塑料收纳盒存放。

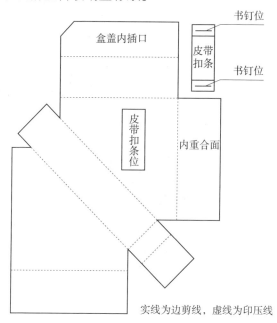

实线为边剪线，虚线为印压线

储存盒制作图版

储存盒

收纳盒

下面向你介绍用厚卡纸做的便携式储存盒。

工具材料：厚卡纸，剪刀，直尺，笔，订书机，双面胶，制作图版。

制作过程如下。

准备工具材料

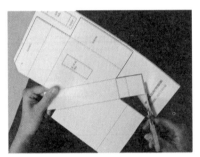

沿卡纸实线边缘剪开

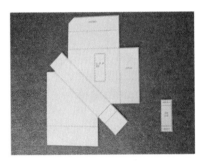

剪下的盒体和皮带扣条

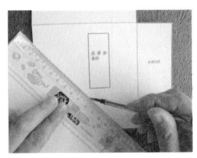

用废旧笔沿虚线划出印压线

将所有印压线外折

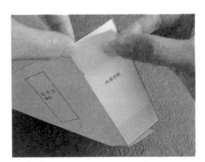

在内重合面上下贴上双面胶

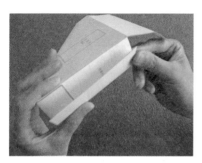

两层粘合

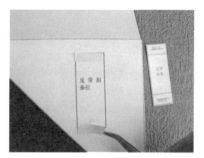

在皮带扣条位上下贴上双面胶

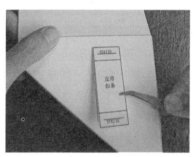

粘贴皮带扣条

用订书机加固

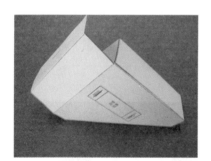

采集盒后面观

采集盒前面观

蝶类的采集

● 采集方法

采集蝴蝶除了要熟知蝴蝶的生境外，还需要掌握采集技巧，平时需反复训练，只要技巧运用得当，一定能够获得成功。

捕网捕捉

对空中飞舞的蝴蝶，可挥动捕网加以捕捉，注意控制捕网的速度和方向，尽量让蝴蝶从网口中央进入网袋，提高命中率。如蝴蝶迎面飞来可以将网口对准目标从容挥网，如蝴蝶向前飞去，则需快速追扑。当蝴蝶入网后，应当即将网袋的底部向上甩，或将网圈翻转180度，封住网口，切忌从网口向里张望或用手伸进网内抓捕，这样会让蝴蝶迅速从网口逃脱。

对停息的蝴蝶，必须慢慢靠近，要特别注意阳光下采集人的投影不要影响到蝴蝶，以免蝴蝶察觉。对访花吸蜜的可以从旁横扫掠取，应当注意植物上有无刺棘，防止把网钩破。如果蝴蝶停在地面，应将网口对准目标，自上而下快速罩下，紧接着马上拉起网底，等蝴蝶飞起后再将网口折转；不能贴地横扫，以避免将泥土扫入网中或网圈损坏蝶翅。对停在树干上的蝴蝶，应将网口慢慢靠近目标，先在蝴蝶后方敲击树干，使之惊动飞起，再迅速挥网兜捕。

蝴蝶进网后，可以隔网用拇指和食指捏住蝴蝶胸部，依蝴蝶大小施加不同的压力，使蝴蝶窒息，然后从网内取出（小型蝶类用镊子取出），再包入三角包中。

隔网捏压蝴蝶胸部

从网内取出蝴蝶

装入三角包

扣封三角包

- 采集地点

　　多数蝴蝶喜欢吮吸植物花蜜，因此采集蝴蝶首选公园花圃、山地林区。此外，还有些种类喜欢吮吸树木伤口所流出的汁液，有些喜欢腐烂发酵的瓜果、人或动物的尿液，有些群集在路旁积水或溪边浅水处饮水，因此，在这些地方应特别留意蝴蝶的踪影。

　　也可根据蝴蝶的取食习性，在岩石或树干上涂抹蜂蜜，在地上布置腐烂瓜果、尿液，或制造一些树木的伤痕以引诱蝴蝶"自投罗网"。

- 采集时间

　　在我国，一年中采集蝴蝶的时间是因地区而异的，在热带地区（如海南、广东、广西），一年四季都可采集；亚热带地区（如浙江、安徽）宜在 3~11 月采集；暖温带地区（如陕西、河南）宜在 4~10 月采集；中温带地区（如甘肃、新疆）宜在 5~9 月采集；寒温带地区（如内蒙古、黑龙江）宜在 6~8 月采集。

　　采集蝴蝶大多在晴天或多云风小的天气。一天中以早晨 9 时到下午 4 时为宜。但弄蝶科和眼蝶科的种类则早晚活动较多，有时阴天也活动。有些环蝶、斑蝶和蛱蝶（如枯叶蛱蝶）白天非常活跃，很难捕捉，傍晚则群集在路旁或树丛寻觅合适的地方过夜，这时没有捕网也能徒手捉到。

- 采集后的处理

　　每天采集结束后，应在每个装有蝴蝶的三角包上注明采集的日期、地点及采集人的姓名。如为山区，还应注明采集地的海拔高度、生境等有关信息。

为防止采集的标本霉变及腐烂，应及时进行烘干或阴干处理。烘干宜用恒温箱（50摄氏度）或红外灯照射，不能在太阳光下暴晒，以免影响鳞片色泽。如放在室内阴干，还要防止老鼠、蟑螂和蚂蚁偷吃。干燥后的标本可装盒密封保存，盒内可放入樟脑或二氯化苯等驱虫剂，以防虫蛀。如发现轻微发霉或生虫，可用毛笔在标本上涂上酒精或二甲苯。

蛾类的采集

除少部分斑蛾、灯蛾和天蛾白天活动外，绝大部分蛾类都是晚间活动的。根据蛾类的趋光性原理，我们通常采用灯诱法采集蛾类标本。

- 灯诱器具

灯诱器具包括电源电线、灯具、白布和支架等。

电源电线：根据灯诱地点离电源的距离选择适当长度的电线（如10米、30米、50米等）。

灯具：选用自镇流的高压汞灯诱蛾效果较好。灯具市场上现有250瓦和450瓦两种功率的高压汞灯灯头（根据灯诱

电线与灯座

灯头

灯座与灯头

距离而定）。最好配合防水的灯座使用。

白布：在灯具后方 30~50 厘米处放置白布，一是可以扩大散光面，便于在黑夜里更好地吸引远处的蛾；二是让到来的蛾及时停息。

支架：用来固定白布和灯具。在野外，支架的搭建可因地制宜，如在硬质地面，可采用三脚架搭建。还可借助廊宇、阳台、墙面等现成设施搭建，既可挡风又可防雨，是理想的灯诱点。

白布

支架

盛夏时节的晚间，雷阵雨常猝不及防，如在无遮挡的户外露天灯诱，就得为灯具设置防雨伞，以免灯泡遇水爆裂，产生不必要的安全事故。

设置防雨伞

• 灯诱地点

如要一次性采集足够多的蛾类，应尽量选择植被丰富的山林地区，灯诱装置应设在离山地向阳面 200~500 米的开阔地。

• 灯诱时间

在我国，因各地经纬度不同，灯诱时间是有差异的。在华南、西南地区，除了 1~2 月，全年大多时间可灯诱；在华东、华中地区，每年 4~10 月适合灯诱；在华北、西北、东北地区，每年仅 6~8 月适合灯诱。一天中，晚上 8 时到凌晨 5 时均可灯诱。天气对灯诱结果的影响较大，无月亮、风小、闷热及雨后的天气最适合灯诱。

海南霸王岭灯诱点

浙江清凉峰十门峡灯诱点

浙江龙王山庄灯诱点

浙江东天目山灯诱点

- 采集处理

灯诱装置应尽量在天黑前搭建完成，天黑后亮灯。晚上 8 时后，见到汞灯光源的蛾会从各个方向飞来，围着灯泡转上几圈后，大多数会选择在白布上停下，有些会停在支架及周边的屋檐、墙面、植物枝叶上。蛾一旦停下，一般不会乱飞。但也有一些蛾甘愿不停地撞击发热的灯泡，直至被活活烫死。

采集时，先找停稳的蛾，对于中大型的蛾类可直接用手捏住其胸部两侧，接着从腹部注入少许酒精使其昏迷，再包入三角包中。

对于小型蛾类，尽量使用镊子夹住其胸部两侧，再用手依蛾的大小施加不同的压力，使之窒息，最后包入三角包中。

蛾类采集后的标本保存方法与蝶类相同。

手捏蛾的胸部

注入少许酒精

装入三角包

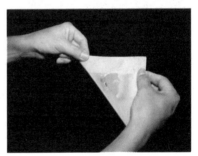

扣封三角包

蝶蛾生态摄影

准备拍摄器材

工欲善其事，必先利其器。野外拍摄蝴蝶应尽量配备一些专业的拍摄器材。

蝶蛾的体型较小（翅展一般为 5～15 厘米），普通照相机镜头的焦距太短，如果用于蝶蛾摄影，所拍摄的照片上蝶蛾图像太小，放大后也难以看清楚蝶蛾的形象。因此，最好有能够把蝶蛾图像拍摄得更大的、具有微距摄影功能或超长焦距镜头的照相机。

一台能够更换镜头的专业照相机最为适合。蝶蛾又是善飞的动物，只要你一靠近，它很快就会受惊飞走，没有机会让你再慢慢地对准焦距，因此具备自动对焦功能的镜头和相机，可以让你把握更多的拍摄机会，无须因对焦慢而产生遗憾。

选择拍摄时间和地点

拍摄蝶蛾的时间和地点应根据它们的地理分布以及活动规律而定。

拍摄蝴蝶应选择晴天或多云风小的天气。一天中，从早晨 9 时到下午 4 时可拍摄到凤蝶、粉蝶、斑蝶、蛱蝶等种类，早晚或阴天可拍摄到弄蝶科、眼蝶科和环蝶科等种类。拍摄蛾（除白天活动的）应选择晚间，在灯诱条件下进行。

确定拍摄对象

蝶蛾一生要经历卵、幼虫、蛹和成虫 4 个阶段，一般摄影者拍摄蝶蛾大多集中在成虫身上，往往会忽略其他 3 个阶段，其实它们对揭示蝶蛾生态奥秘有很大的科学研究价值。

掌握拍摄方法

- 慢慢靠近

蝶蛾很容易受惊，尤其是蝶，稍有风吹草动它们就会飞走。当我们发现蝶蛾时，应当慢慢靠近它，千万不能太着急。动作不能太大，一定要慢慢移动，一点一点地靠近。

- 取景与构图

当你已经靠近目标，举起相机对准蝶蛾后，注意镜头方向应当与蝶蛾的翅膀平面保持垂直。这样拍摄出来的照片才不会因景深太浅而一边清晰一边模糊。而在取景框中，蝶蛾的大小应占 1/5～1/3 或以上的比例。然后，立刻考虑怎样进行构图。我们认为蝶蛾的头部前方和上方应当多保留一些空间，这样的构图有一种动态的平衡，看上去蝶蛾有往前活动的空间。

- 对焦及曝光设定

当构图完成后，必须马上进行对焦。对好焦距、图像清晰时便应立刻按下快门。这一连串的动作都必须相当迅速，否则蝶蛾飞了就无法拍摄。而在此以前还应当根据当时的环境和光线设定好光圈和快门。而这些都必须在实际拍摄中不断地摸索和积累经验。

如果使用自动对焦的镜头和自动曝光的相机，就可以省去许多的工作，大大缩短拍摄的时间，令拍摄更易成功，有机会拍摄更多的蝶蛾照片。

蝴蝶饲养

饲养目的

　　饲养蝴蝶是探究蝴蝶最常用的一种方法，也是最基础的工作。通过饲养，可以直观地观察到蝴蝶一生的变化，更细致地了解蝴蝶的行为习性和生理现象。当前，随着蝴蝶观光、蝴蝶工艺行业的发展，蝴蝶的需要量大大增加，这直接带动了蝴蝶饲养技术的发展。通过人工控制环境条件饲养蝴蝶，能克服自然环境的不利影响（如天气、天敌），增加完美标本的数量，而且还能保护野外种群。

饲养要求

　　如果你家有个花园，你就能通过种植各种花卉来吸引蝴蝶，因为花能产生大量的花蜜，从而招引蝴蝶。你也可试着种植一些蝴蝶幼虫喜欢取食的植物。

　　室内饲养需要的基本工具很简单。开始只需要一些不同大小的塑料盒、2~3个小型的饲养箱（可用粗的塑料管加一个有孔的盖或用木条做一个笼，四周用尼龙纱网蒙上）。然后，需要更大一些的笼子供蝴蝶成虫在里面飞行、交配。这些工具制作起来都不困难。简易的飞行笼可用一个大木箱改制，只要将边上的木板去掉，安上纱网即可。

花园

塑料盆

饲养箱

饲养方法

卵可以通过刚捕捉到的雌成虫在笼中产卵获得。野外采集卵块或幼虫虽然花时间，却是一件令人愉快的事情。要找到常见种的卵和幼虫通常都不会太费事，特别是当我们已知其寄主植物的时候。有些种类的幼虫有群集性，因此在一株植物上就能找到许多幼虫。

卵

小幼虫可以放在透气的塑料盒中，但不要太挤。每天都要添加饲料（幼虫喜爱的寄主植物），并清除粪便。定期清理对减少疾病感染很有好处。

幼虫生长很快，过一段时间就必须转移到较大的盒子内饲养。最好不要直接用手去拿幼虫，最小的幼虫只能用细刷子进行转移。

低龄幼虫

当幼虫长到一半大的时候，就应把它们放到有纱网的笼子中饲养。这时的幼虫食量很大，每天必须时常添加新鲜的饲料。

当幼虫到老熟时即停止取食，开始化蛹。在化蛹之前，笼内

老熟幼虫

蛹

应放几根小树枝,这样蛹可以挂在枝上。成虫羽化时也可以充分伸展它们的翅膀。

为完成饲养周期,必须确保成虫交配和产卵。许多种类的蝴蝶在人工条件下不进行交配产卵,因而需要采取一定的辅助措施。用手轻捏雄蝶腹部两侧可使其抱器瓣打开并抱住雌蝶。需经过几次尝试才能达到交配状态。

一些种类在交配前要有求婚仪式而需较大的飞行空间。已在野外交配过的雌蝶可以直接放入一只小笼内,并放入鲜花或糖水液(滴在棉球上)以保证成虫取食的需要。如果这种蝴蝶直接将卵产在幼虫取食的植物上,则应提供新鲜的枝条,最好是在生长着的植物(如盆栽)外套纱罩。

交尾

幼虫也可直接饲养在活体植物上,外面套上纱罩即可。一些种类可以通过加温、加湿而人为地提早羽化。在你有一定经验后就可以自己改进甚至自己设计出更好的饲养方案。

纱罩

　　最后，详细记录蝶蛾每天的取食时间、取食量、颜色变化、蜕皮次数、羽化时间及产卵量等。这不仅是有用的科学资料，也可帮助你避免重复所犯的错误。

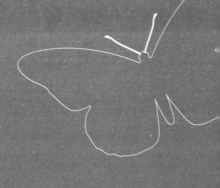

标本与工艺品制作

　　蝶蛾是人类用于进行科学研究、鉴赏收藏和艺术利用的良好资源。那么，如何将天然的蝶蛾制成标本或工艺品呢？本篇将教你学会蝶蛾科学展翅标本、工艺贴翅标本、工艺装饰作品、蝶翅艺术贴画等四大类制作技法。

科学展翅标本

为更好地将蝶蛾资源用于科学鉴定、仿生研究、分类收藏和美学欣赏，我们一般要将采集后的蝶蛾制成科学展翅标本。

- 工具材料

电热水杯，镊子，展翅板（开槽），昆虫针（常用 3~5 号），大头针（0号）、硫酸纸（裁成各种规格），三角包装内经干燥的完整蝶蛾（以斐豹蛱蝶、大燕蛾为例）。

- 制作方法和过程

1. 准备工具和材料

2. 用镊子夹住蝶蛾四翅，将触角和身体浸入电热杯的开水中（使水面超过翅基）。浸泡时间需根据蝶蛾大小而定，一般在 10~20 秒。如蝶蛾为当天采集就可省去第 2 步、第 3 步

3. 用镊子撑开左右翅并下压，如四翅能展平自如，说明软化成功。如下压困难，还需继续浸泡

4. 根据蝶蛾身体大小分别选取3号、5号昆虫针，从蝶蛾的中胸部垂直插入，针顶离身体留出10毫米

5. 将昆虫针垂直插入展翅板中央凹槽内，使翅基与板面保持在同一平面

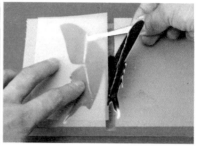

6. 在左翅上方盖上硫酸纸，用镊子将前后翅拉到标准位
（前翅后缘与身体垂直，后翅前缘与前翅后缘在翅基部交叠 1/2 左右）

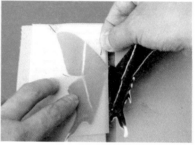

7. 左手固定硫酸纸，右手在前翅的后角、顶角和基角处
（离翅缘 1.0 毫米）分别插入大头针（向外斜插）

8. 在后翅的顶角、后角和基角处（离翅缘 1.0 毫米）分别插入大头针
（向外斜插）

9. 按同样方法固定右翅，注意掌握好左右翅的对称性

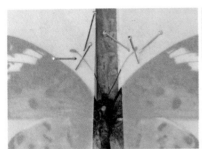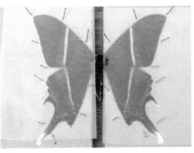

10. 再用大头针调整、固定触角位置，展翅完成

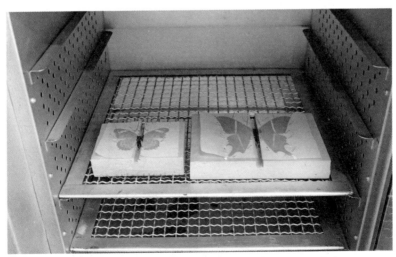

11. 放入恒温箱烘干（温控50摄氏度，3天以上）

12. 从恒温箱中取出标本，小心拔掉大头针，揭去硫酸纸

13. 将标本移入昆虫盒，可按展示要求贴上名录标签等

工艺贴翅标本

蝶蛾标本需要干燥和密封保存，如在野外采集到的蝶蛾标本未能及时烘干处理，在潮湿环境中极易腐坏变质，影响展翅标本的制作质量和保存时间。另外，已展翅的蝶蛾标本因保存方法不当（如标本盒密封性不好、环境湿度过大等），身体部分也容易受到虫蛀或发生霉变。还有，在整理制作标本过程中常会遇到触角掉落的现象。一旦遇到上述情况，我们可将蝶蛾四翅从身体上取下，利用塑封原理将其改制成既能长期保存又有观赏价值的工艺贴翅标本。下面介绍不干胶冷封法和过塑机热封法两种制作方法。

-------- 不干胶冷封法

- 工具材料

镊子，剪刀，透明胶膜，透明片基，假体，触角（可用塑料丝代替），三角纸包装的蝶蛾四翅（以柑橘凤蝶为例）。

- 制作方法和过程

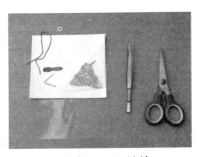

1. 准备工具和材料

2. 用剪刀沿假体外缘剪下，备用

3. 用镊子揭去透明胶膜上的
双面胶纸

4. 将透明胶膜反贴在桌面

5. 用镊子从三角包中取出
柑橘凤蝶四翅

6. 揭去透明胶膜护纸

7. 用镊子将假体粘贴在胶膜中央

8. 将左前翅（腹面向上）基部连
接在假体左中胸部，前翅后缘垂
直于身体

9. 将右前翅基部连接至
假体右中胸部

10. 将左后翅基部连接至
假体左后胸部

11. 将右后翅基部连接在
假体右后胸部

12. 将一对触角小心地连接到复
眼和下唇须交角处，并呈"V"
字形排列

13. 取片基对准胶膜小心盖上，
用手推压，使之与胶膜完全粘合

14. 用剪刀沿蝶翅的外缘
修去多余部分

15. 标本完成　　　　　　16. 打孔，穿上丝带就成了书签

17. 用同样方法可制成豹尺蛾贴翅标本书签

过塑机热封法

　　做过不干胶冷封法贴翅标本后，你会发现，在操作过程中一旦出现定位不准或翅位移动，蝶蛾鳞片极易沾满胶膜而造成污染，压片时还会出现内部空气排不尽的情况，影响标本的整体美观性。而采用过塑机热封法就能基本解决这些问题。

● 工具材料

　　镊子，剪刀，夹子，塑封机，10 丝塑封膜，不干胶假体（含触角），三角纸包装的蝶蛾四翅（以宽带青凤蝶和华尾天蚕蛾为例），蝶名标签。

• 制作方法和过程

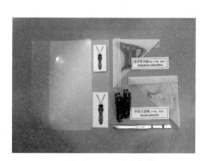

1. 准备工具和材料

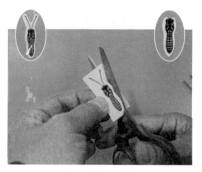

2. 沿假体外围剪下（蛾的假体不
留触角部分），备用

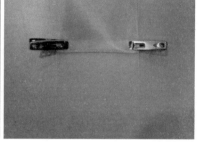

3. 打开双层塑封膜，用夹子固定上膜

4. 在底膜中上部摆放左右前翅（背面向上），两翅基部相距 5 毫米，
并使前翅后缘连成一线

5. 再将左右后翅（背面向上）前缘插入前翅后缘下方，两翅基部相距
5 毫米，前后翅基部保持 4 毫米间距

6. 揭去假体不干胶护纸，将透明假体的中后胸部粘贴在前后翅基处，
如翅位移动，可进行微调成型

7. 在蝶蛾下方放上蝶名标签，蛾的假体头部胶膜处还需插入触角

8.除去夹子，将上膜轻轻盖下，开启塑封机
（调温至 120 摄氏度左右），热封处理

9.作品完成

10.可制成成套的塑封标本册（按分类排列）

工艺装饰作品

　　如果你经常去野外采集蝶蛾，总会发现有一大部分标本因其中一两片翅面破损而不宜做成展翅标本和贴翅标本，在制作展翅标本过程中也常有掉翅或破翅的情况发生，如直接废弃有点可惜。不妨将同种蝶蛾的单面前后翅收集整理，根据蝶蛾的生态特点，经创意设计，做成具有美工装饰效果的工艺作品。

咏蝶书签

* 工具材料

　　镊子，双面胶，笔，塑封机，咏蝶书签底卡（经电脑设计成大小号），塑封膜，三角纸包装的蝶翅（各 2 片，以黑脉蛱蝶和大绢斑蝶为例）。

* 制作方法和过程

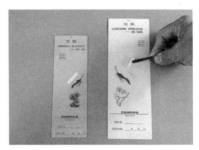

1. 准备工具和材料　　　　2. 在底卡体图上方贴上双面胶

3. 选取大绢斑蝶翅，将前翅基部连接在假体中胸部，后翅基部连接在假体后胸部，用双面胶固定

4. 同样方法，在小号底卡上完成黑脉蛱蝶前后翅与假体的连接

5. 在底卡上写上制作者姓名和时间   6. 整体夹入塑封膜内

7. 塑封机热封处理

8. 穿上丝带，完成作品

蝶舞生态卡

• 工具材料

　　镊子，塑封机，蝶舞生态卡底卡（经电脑设计），塑封膜，干花草，三角纸包装的蝶翅（以宽带凤蝶和虎斑蝶为例，各 2 片）。

• 制作方法和过程

1. 准备工具和材料

2. 在底卡左方摆放宽带凤蝶前翅

3. 在前翅下方叠放宽带凤蝶后翅

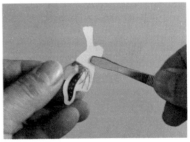

4. 揭去大号假体不干胶护纸

5. 用透明假体中后胸部
粘贴住前后翅基

6. 在底卡右上方摆放虎斑蝶前后翅

7. 用小号透明假体中后胸部
粘贴住前后翅基

8. 在底卡下方摆放干花草

9. 整体夹入塑封膜内，进行塑封

10. 作品完成

11. 用同样方法可设计制作成叶脉书签和结艺挂件

蝶翅艺术贴画

　　利用蝶翅天生丽质的形态、绢绸丝绒般的质感、不同角度泛出的光泽和自然天成的图案纹理，经过创意构思、艺术设计和巧妙拼贴，就创作出了独一无二的蝶翅画，令人叹为观止。一幅好的蝶画作品，往往能体现出作者的想象力、绘画功底和蝴蝶情愫，每一幅成功的蝶画作品，都是不可多得的艺术精品，具有颇高的欣赏价值和收藏价值。

　　蝶翅画起源于20世纪初的南美，成形于20世纪60年代的中国台湾，现风行于世界各地。随着蝴蝶人工养殖技术的推广，蝶翅作为艺术品的原料被开发和利用已是一种趋势，蝶翅画也必将成为人们追求自然美与艺术美的新宠，进入时尚生活之中。下面以人物、面饰、服饰、图形、景物为题材，向你介绍蝶翅画创作的一些基本技法。

人物类：《仕女扑蝶》

- 工具材料

　　镊子，剪刀，塑封机，双面胶，底卡，各种蝶翅。

- 制作方法和过程

1. 准备工具和材料

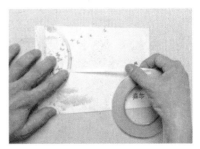

2. 在底卡中部贴上双面胶

3. 用镊子揭去双面胶护纸

4. 用镊子夹取裳凤蝶后翅，贴于底卡下部，形成仕女"裙摆"

5. 夹取虎斑蝶后翅贴于"裙摆"上部，形成仕女"腰部"

6. 夹取优越斑粉蝶后翅贴于"腰部"上方，形成"上衣"

7. 夹取优越斑粉蝶前翅贴于"上衣"左侧，形成"衣袖"

8. 夹取优越斑粉蝶前翅贴于"上衣"右侧

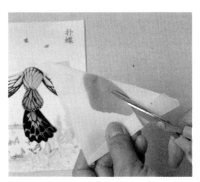

9. 将玉斑凤蝶前翅夹入硫酸纸中，剪出仕女"头饰"

10. 将仕女"头饰"贴在"上衣"上部

11. 在右"衣袖"上方贴上"扇子"。将整体夹入塑封膜内，进行塑封处理

12. 完成

面饰类:《京剧脸谱》

• 工具材料

镊子，剪刀，塑封机，冷裱膜，双面胶或乳胶，A4 描图纸，笔，相框，各种蝶翅。

• 制作方法和过程

1. 在描图纸上进行"京剧脸谱"画面的构图，并选择、准备好对应的蝶翅

2. 把构成"脸谱"画面的若干"板块"分开，画在描图纸上（间隔一定距离）

3. 选取相关蝶翅，用双面胶或乳胶贴在相应"板块"的部位

4. 正面盖上描图纸，在反面按线位剪下各"板块"

5. 剪下的"板块"

6. 将各"板块"组合，拼成一幅整体的"脸谱"

7. 再在表面盖上描图纸，将"脸谱"画面整体修剪下来

8. 将"脸谱"画面用双面胶固定在底卡纸上，落款盖章后，在塑封机上用冷裱膜裱好

9. 装框，完成

---- 服饰类：《傈僳族》

● 工具材料

镊子，剪刀，塑封机，冷裱膜，双面胶或乳胶，A4 描图纸，笔，相框，各种蝶翅。

● 制作方法和过程

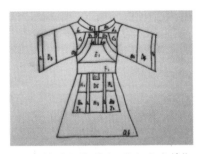

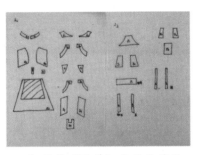

1. 在描图纸上进行"民族服饰"画面的构图，并选择对应的蝶翅

2. 把构成"服饰"画面的若干"板块"分开画在描图纸上（间隔一定距离）

3. 选取蝶翅，贴在相应"板块"的部位，沿反面线位剪下各"板块"

4. 将各"板块"组合，拼成一幅整体的"服饰"

5. 装框，完成

············ 图形类:《几何花盘》 ············

- 工具材料

　　镊子，剪刀，笔，乳胶，油画刮刀，宣纸，卡纸，相框，各种蝶翅。

- 制作方法和过程

1. 在宣纸上用铅笔勾画一个正圆，将适量乳胶用刮刀均匀地涂抹在正圆内

2. 用镊子将蝶翅（大紫蛱蝶前翅）按顺时针方向排列，注意蝶翅角度

3. 围成一个匀称的圆形图案

4. 将蝶翅（鹤顶粉蝶前翅）按逆时针方向排列在中央

5. 表面盖上一张描图纸

6. 用剪刀沿背面的轮廓剪下

7. 将图形贴在卡纸上，在外圈按逆时针方向用乳胶贴上蝶翅（青凤蝶前翅）

8. 组合围成一个匀称的轮状图案，完成

---- 景物类:《街道》----

• 工具材料

　　镊子，剪刀，AB胶，油画刮刀，有机板，卡纸或油画布，笔，相框，各种蝶翅。

• 制作方法和过程

1. 在卡纸或油画布上用铅笔勾画图案。选择不同"板块"的蝶翅

2. 将适量AB胶按1∶1挤在有机板上，用油画刮刀混合均匀

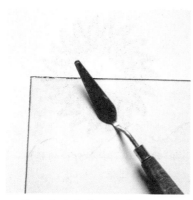

3. 将胶水涂在卡纸的左上方，因
AB胶干燥较快，涂抹的面积不
宜过大

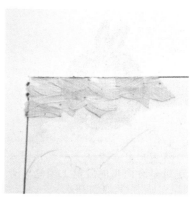

4. 将相应蝶翅贴于涂胶处，
注意顺序和方位

5. 完成"天空"和"围墙"部分

6. 完成"树林"部分

7. 完成"房屋"部分

8. 完成"围墙"部分

9. 完成"路面"部分

10. 完成"树干"和"行人"部分，
作品完成

作品鉴赏

森林小木屋

巴渝山水

穆桂英

江南水乡

花趣

闲趣

夜晚的咖啡馆

蝶之舞

夕阳

梦

秋色

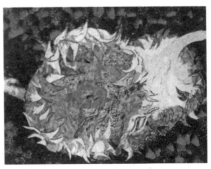

两朵向日葵

主题活动

　　利用暑期及节假日举办以蝶蛾资源为特色的实践活动，能让学生在亲近昆虫、探索自然的过程中，学到生态、环境及生命保育的有关知识，培养和锻炼他们野外实践的综合能力。本篇按参加对象、活动时长、基地资源、达成目标等要素，向你介绍普及型体验式活动、主题性夏令营活动和专业性科考类活动的要点。

普及型体验式活动

适宜在上海本地区范围内举办，为期1天。参加对象为小学低段年级及幼儿园学生（亲子型），每年4～10月可举办多期，每期参与人数从数十人到上百人不等，地点可选科技馆、自然博物馆、公园、植物园、动物园、昆虫馆等具有蝶蛾资源的教育基地。活动内容可包括观看蝶蛾科普影片、参观蝶蛾标本馆、制作简单的蝴蝶工艺品、举行蝶蛾科普知识竞赛、户外标本采集等。因营地的接待条件较成熟、选择余地大、前期准备工作简便、活动经费开支较少，最易举办推广。学校可结合春秋游、暑期社会考察活动等组织开展，也适合一般的亲子家庭。

参观虫趣馆

参观上海昆虫博物馆

主题性夏令营活动

本活动适宜在江浙皖等华东地区举办，参加对象为小学中高段年级及以上的蝶蛾初级爱好者，适合暑假期间举办，每期 2～5 天为宜，每期人数为 80～100，可举办多期。营地可设在离上海 300～500 千米、汽车可直达

营员采集

的自然保护区或山地景区（如浙江临安清凉峰、浙西大峡谷、东天目山、安吉龙王山、中南百草园，江苏洞庭西山、溧阳南山竹海、镇江宝华山，福建武夷山，江西三清山，安徽九华山、牯牛降等）。活动内容有听取蝶蛾专题讲座、野外观察蝶蛾生态、采集制作蝶蛾标本、撰写蝶蛾考察报告等。举办此类夏令营有利于增强营员对大自然的热爱和崇敬，培养和提高蝶蛾野外科考的兴趣和技能。主题性夏令营需做好前期的宣传、动员工作，配备必要的活动器具和昆虫专业辅导力量。此类夏令营活动以组织经验丰富的校外机构实施为宜。

营员合影

下面就以由浦东新区青少年活动中心、浦东新区生物学会、《中学科技》杂志社联合主办的以"相约自然 与虫共舞"为主题的"绿色有约"夏令营活动为例，从组织工作的角度阐述主题性夏令营举办的方法和流程。

营员制作

● 建立营部（3月）

由活动策划者召集有夏令营实践经验和有蝶蛾等昆虫专业知识的教师及学生志愿者共同组建"绿色有约"夏令营营部，营部由领队、指导老师、营长、协调人员和活动顾问等组成，按如下职能分工。

领队：全面负责夏令营工作，包括前期筹备（活动策划、方案制订、宣传招生、人员培训、器材准备）、活动实施、活动总结等。

指导老师：参与前期筹备，负责分队、分组、分室、营员报到、集队整队、住宿餐饮安排、器材收发、采制活动指导、生活指导、安全保卫、医务保健、活动评比等营务工作。

营长：担任考察队长、车长。协助领队和指导老师做好以上营务工作，策划主持开营式、智能大比拼、欢乐才艺秀、结营式等仪式活动。

协调人员：负责报名收费，注册编营，办理保险，协调安排车辆、餐饮、住宿、营地，财务结算等工作。

活动顾问：可聘请昆虫专家、教授担任。

- 策划筹备（4月）

营部对活动进行策划，包括确定营地、设计线路、落实食宿、安排车辆、踩点考察、制订计划、组织培训、经费预算等。

- 编制《营员手册》（5月）

为使营员熟知夏令营的行程和内容，让营员在行前做好充分准备，营部需编制出《营员手册》，营员手册包含活动行程、营期安排、营员须知、采制指导、蝶蛾鉴赏、优秀营员评选标准、营员日记等内容。

- 营员招生与行前准备（5~6月）

在本区生态教育联盟学校和生物特色学校中招募营员，准备物品，如营旗、营帽、营服、营员证、采集工具、灯诱设备、药品等。

- 营期实施（7月）

营员报到、开营式、参观标本馆、蝴蝶采集、蛾类灯诱、标本制作、结营式、表彰优秀营员等。

- 活动总结（8月）

夏令营活动结束后，整理标本，制作活动版面，举办成果展，进行营员考察报告交流、小论文选登、标本展示。邀请新闻媒体做相关报道。

从2001年起，"绿色有约"夏令营活动已成功举办了17届，共有8 000多名营员参加，一大批蝶蛾爱好者从中涌现，已产生了很好的教育效应和社会影响。

这里，选登一篇营员日记。

营员日记
颜立夏

好兴奋啊，又一次踏上了"绿色有约"夏令营活动的行程。带上捕蝶网、三角包、展翅板，去"世外桃源"似的天目大峡谷中"与蝶共舞"。

进入大山，我们在崎岖不平的山路上拾级而上。穿过一片竹林，一个黄色的大身影映入了我的眼帘，没错，是箭环蝶！我轻轻地拿起捕蝶网，紧盯着它的动向，看清它的飞行线路后，便是迎面一兜，接着轻快地把网袋一甩，箭环蝶便"扑通"一声落入了我的网袋。它开始不停地扑打翅膀蓄意逃脱，过了会儿，似乎觉得那是徒劳无效的，便安静了下来。我快速捏住它的前胸，使其窒息。它土黄色的翅膀在太阳下散发着异样的光彩，每一个眼纹耀眼夺目。我把它放在三角包中，心中乐滋滋的。

回到住所，同学们拿出各自的"战利品"，有蒙链荫眼蝶、圆翅钩粉蝶、大紫蛱蝶、碧凤蝶……真是美不胜收。我也自豪地拿出我的箭环蝶炫耀了一番。在老师的安排下，大家开始制作标本。我取出镊子，在展翅板上开始制作，一切都显得那样精细、谨慎，生怕损伤它一丝一毫的美丽。

每当我看着抽屉中那厚厚的一本标本集，回想着过去一次次在大山中的捕蝶往事，便回味无穷。这一次次有意义的活动，不仅增加了我的昆虫知识，还使我懂了许多：生命的意义，自然的美丽，还有……我并不关注夏令营活动能给予我什么，更重要的是感受生活的那份惬意，那种从心底里迸发出的快乐……

专业性科考类活动

　　适宜在国内外蝶蛾产地举办，参加对象为有一定基础的初中以上蝶蛾爱好者及生物教师，于每年7~8月（国内）或1~2月（国外）举办，人数为10~20人，营地可选择蝶蛾资源丰富的国家级自然保护区或森林公园（如云南高黎贡山，海南尖峰岭、广东南岭、荷包岛，广西大瑶山，河南鸡公山，湖北武当山，四川青城山，青海祁连山，陕西太白山，吉林长白山，内蒙古大兴安岭等）。国家级自然保护区往往建有自然博物馆或昆虫标本陈列室，对营员了解当地的森林生态、蝶蛾资源和分布情况非常必要，因而选择营地时应当考虑。根据营地情况可选择汽车、火车、飞机等多种交通工具。如有条件，可组队赴南美亚马孙热带雨林、东南亚加里曼丹岛（婆罗洲）、非洲刚果等昆虫产区深度考察。活动内容有调查记录蝶蛾种类、分布，采集制作分科蝶蛾标本，撰写蝶蛾小论文或专题考察报告，举办考察成果展等。举办此类专业性科考类活动对扩大营员的知识面、全面提升野外科考能力、发现和培养昆虫学人才方面有着独特的意义。因开展时间较长、地点偏远，组织工作难度比较大，前期准备工作量也比较大，投入的人力物力也相对较大，宜由昆虫专业机构和旅行社联合组织，需配备昆虫学专业指导教师、专家顾问、生态摄影师和医务人员。

　　下面介绍由"野趣虫友会"发起组织的兴安岭蝴蝶资源调查活动、荷包岛观蝶活动和巴西亚马孙蝶蛾多样性考察活动的相关纪实。

兴安岭寻蝶记

张 宁

又到了"蝶行中国"科考之旅启动的时间，原定目的地是云南怒江高黎贡山，但从云南的蝶友那里打听到，2015年8月怒江流域还处于雨季，其气候条件和交通等因素不利于蝴蝶科考，于是果断放弃。也巧，远在黑龙江佳木斯大学的蝶友罗老师来电说，他刚从大兴安岭漠河地区采蝶回来，收获不小，可为我们提供一些蝴蝶考察信息。早听说东北高寒地区一年中蝶类的发生季非常短暂，仅有6、7、8三个月，那里的蝶类以粉蝶、灰蝶、眼蝶最有特色，想必对我的蝴蝶收藏是一个很好的补充。于是不再犹豫，决定去东北兴安岭！

今年的科考活动多了3名学生队员：戚致远，华东康桥国际学校初二学生，从小爱好蝴蝶，擅长蝴蝶标本的采集与制作，曾涉足海南、广东、云南等蝴蝶产地，是上海小有名气的蝴蝶迷；杨行健，上海市进才实验中学初一学生，酷爱户外运动，是昆虫夏令营活动的老营员，在野外练就了一套洞察蝴蝶生境的本领；黄申祥，上海市实验学校初二学生，善于蝴蝶的养殖和虫态研究，曾在马来西亚热带雨林深度考察蝴蝶多样性。今年3月三人还一同跟随我去宝华山进行过中华虎凤蝶的生境调查和保育研究。

8月9日，"蝶行中国"科考之旅一行16人搭乘上海飞往哈尔滨的航班，开始了为期13天的兴安岭寻蝶之旅：从哈尔滨包车

一路向西，沿绥满高速经齐齐哈尔到内蒙古海拉尔，再沿201省道往北经额尔古纳到室韦，向东穿越莫尔道嘎林区到根河，往北经满归进入黑龙江漠河抵北极村，沿

209 省道向东经十八站、呼玛到黑河，往南沿吉黑高速到五大连池，向东沿前嫩高速到伊春，最后沿鹤哈高速回哈尔滨，前后穿越了大小兴安岭腹地，总行程 4100 千米。额尔古纳湿地、北极村、五营国家森林公园是本次寻蝶之旅的"重头戏"，也是这次"南北蝶类资源差异调查"课题预设的重点区域。

额尔古纳湿地——巧遇红珠绢蝶

额尔古纳，位于呼伦贝尔大草原北端，是内蒙古自治区纬度最高的县级市，离城区仅 3 千米的额尔古纳湿地海拔 700 米，物种丰富，野生维管植物有 67 科 227 属 404 种，有兴安落叶松、樟子松、白桦、黑桦、山杨等多种树木，是中国目前保持原状态最完好、面积最大的湿地，被誉为"亚洲第一湿地"。8 月的额尔古纳，波斯菊、紫菀、鼠曲草、翠雀、飞廉花盛开山间，完善的湿地生态为蝴蝶提供了良好生存环境。8 月 11 日中午，烈日高照，为探寻蝴蝶的身影，我们宁愿放弃代步的景区观光车，沿着 5 千米长的景区公路徒步向额尔古纳湿地观景台前进，穿过一片白桦林，步入山坡草甸，在栈道山坡两旁顿见菜粉蝶和云粉蝶集群追逐飞舞，钩粉蝶在阳光透射下微扇动双翅，风姿绰约；突角小粉蝶则一头扎进花蕊中尽情吸蜜，全然不顾我们这些外来者的"闯入"；而豆粉蝶则抓住茅草秆避光休息。2 个多小时，已观察到粉蝶 10 多种。在我们下山的途中，只听到咸致远边跑边大叫起来："红珠绢蝶！"话音刚落，一只刚羽化不久的红珠绢蝶瞬间落入了他的网兜，眼前的这只红珠绢蝶，身体外密被鳞毛，翅薄呈半透明，后翅的红色斑艳丽夺目。绢蝶，仅见于我国高海拔或高纬度地区，成虫发生期极短，是蝴蝶收藏爱好者的钟爱。去年笔者在青海阿尼玛卿雪山海拔 4700 米处曾记录拍摄到红珠绢蝶的生境，而这次我们在内蒙古大兴安岭西北麓的额尔古纳湿地竟然再次遇上了红珠绢蝶，真是如获至宝啊。

北极村——灰蝶的乐园

北极村，位于大兴安岭山脉北麓的七星山脚下，是中国地理最北的行政村，民风纯朴，静谧清新，乡土气息浓郁，植被和生态环境保存完好，烟波浩渺的黑龙江从村边流过，对岸是俄罗斯阿穆尔州的伊格那思依诺村。8月15日，雨后的北极村天空逐渐放晴，气温23摄氏度，微风，是摄蝶和采蝶难得的好天气。听罗老师介绍，北极村的灰蝶种类丰富，每年不断有新记录种发现。午后，我们来到位于村北"中国北极点"附近的大草地，开始寻觅期待已久的灰蝶。灰蝶，最小型的蝶类，喜爱在阳光下活动，翅正面常呈红、橙、蓝、绿、紫、翠、古铜等颜色，颜色纯正而有光泽，非常适合生态拍摄，多数灰蝶种类的分布都具有很强的地域性，对周围环境的变化敏感，常被作为生态环境监测的一项重要指标。因灰蝶翅面轻薄、鳞片细小，采集后极易破损，不易保存和制作标本，因此野外采集时要特别注意挥网的力度。步入野花星星点点的草地中央，各种灰蝶自由活跃地窜来窜去，蓝灰蝶选择在苜蓿、紫云英等豆科植物上停息，身体不停地打转，舞姿优美；不远处，一只雌性的红珠灰蝶正静卧在隐蔽的场所产卵；体型稍大的艳灰蝶展开它亮丽闪光的翠绿前翅吸引着异性的到来。一个下午，琉璃灰蝶、红灰蝶、貉灰蝶、多眼灰蝶、大斑霾灰蝶等都进入了我们的视线。

五营国家森林公园——眼蝶蛱蝶齐登场

五营国家森林公园位于黑龙江小兴安岭中腹部，是"中国林都"伊春的主要旅游区，古树参天，林海茫茫，森林覆盖率高达82.2%，美丽的原始红松林自然景观享誉海内外。在这里，蝴蝶多样性相当明显，尤以眼蝶和蛱蝶为优势。眼蝶，多属小型至中型的蝶种，常以灰褐、黑褐色为基调，翅上常有较醒目的外横列眼状斑或圆斑，为害禾本科植物，喜林缘或林间阴暗处活动。蛱蝶，是蝶类中种类最多的一科，属小型至中型的蝶种，色彩丰富，形态各异，花纹复杂，身体健壮，飞行迅速，行动敏捷。8月19日，依然是一个好天，上午8时我们刚进入五营国家森林公园，便看到路边松林旁的眼蝶异常活跃，轮番上演精彩"好戏"：一只暗红眼蝶迎面而来，盘旋了几下，停在了杨行健的食指尖，居然还吸起了他手上的汗液；没过多久，一只不知从哪儿冒出的宁眼蝶友好地"亲吻"了黄申祥的脸，我的镜头当然不会错过这些送上门的"模特儿"了。下午，在一片飞廉花田里，我们见到了最艳丽的孔雀蛱蝶，它可是兴安岭地区的"花仙子"，翅表橙色，上、下翅各有一个大眼纹，异常醒目。但孔雀蛱蝶是鸟类最爱吃的一种美味，为对付鸟类，它们先一动不动地装死，然后把带有眼状斑纹的翅膀突然展开，把捕食鸟吓退，保住自己的性命。在五营国家森林公园里，最常见的蝴蝶是橙黄色翅面、布满黑斑、泛着绒质光泽的绿豹蛱蝶、朱蛱蝶和珍蛱蝶，它们总是三三两两笨拙地扬动翅膀，在灌木林中追逐嬉戏。幸运的是，在快离开五营国家森林公园时还见到了兴安岭地区最大的蝶种——绿带翠凤蝶，在阳光下飞行时其后翅鲜艳的金绿色鳞片熠熠生辉，非常优美。

荷包岛观蝶
张　宁

　　一个总面积仅13平方千米的海岛却拥有164种蝴蝶，难得一见的国家重点保护动物——金裳凤蝶在这里却司空见惯，每年12月起成千上万的斑蝶在这里集聚过冬……这里并不是闻名遐迩的台湾"蝴蝶谷"，而是位于广东省珠海市西南黄茅海与太平洋交界的荷包岛。最先发现这个蝴蝶天堂并将它介绍给世人的是广东省昆虫学会昆虫摄影专业工作组组长、号称"珠海蝶痴"的陈敢清，摄影专业的他从1999年至今，一直用镜头记录荷包岛的蝶类"家族"，《大自然的舞姬——珠海蝴蝶诗文摄影集》即是他扎根海岛15载的倾心之作。出于笔者20多年有志于中国蝴蝶资源考察研究，2010年6月的一天，我有幸跟随陈敢清老师第一次踏上了荷包岛，开启了我的荷包岛观蝶之旅。

　　从珠海高栏港乘船半小时即可登上荷包岛码头，再转乘岛

内巴士，10多分钟便抵达大南湾天然海滨浴场。放眼望去，足有5千米的"十里银滩"在蓝天的映衬下蜿蜒天际，大南山茂密的亚热带原始次生丛林层层叠叠，山间野花盛开、野藤蔓爬、野果斗艳，山泉小溪漫布，这样的生态环境无愧是蝴蝶理想的繁殖栖息之地。还没等我欣赏够大南湾的美景，一只巴掌大的雌性金裳凤蝶便扑面而来，转眼飞向海芒果花上吸蜜去了，阳光穿透它的翅膀，洒下金色的光芒，耀眼炫目。抬头仔细一看，一棵七八米高的海芒果树上竟有20多只金裳凤蝶扑动四翅在忙碌吸蜜，如集体聚餐一般热闹非凡；而在不远处，几只鳌蛱蝶和凤尾蛱蝶正尽兴吸食掉落在地上的野菠萝果汁，即便我们靠近拍摄"骚扰"，它们也全然不顾。

　　陈老师说，在荷包岛要见到更多的蝴蝶还得去"蝴蝶谷"。踩着柔软细腻的银白色沙滩前行半个小时，一条小路将我们引进了大南湾和大树湾之间南北走向的神秘"蝴蝶谷"。刚进"蝴蝶谷"，以红、黄、白为主色的迁粉蝶、橙粉蝶、报喜斑粉蝶就不停在路边穿梭"迎客"，蓝色的小灰蝶则贴着地面跳跃前行"引路"。穿过一片遮天蔽日的灌木林，来到了半山间的一个向阳开阔地，不经意间，视野中的蝴蝶便多了起来，只见数以百计的蝴蝶在绿色的"舞台"上轮番出场，表演着有形无声的舞蹈：玉斑凤蝶、玉带凤蝶、统帅青凤蝶在灌木深处相伴追随缠绵；幻紫斑蛱蝶停在树梢上微微张闭着闪紫光的翅膀，姿态曼妙；巴黎翠凤蝶和鹤顶粉蝶挥动大翅，时而停息片刻，时而快速掠过；"蝶王"金裳凤蝶在最高处盘旋飞舞……继续前行，溪边灌木林间，可见灰褐色的串珠环蝶和暮眼蝶集群在地面吸食腐叶，中环蛱蝶则在泉边岩石上专注吸水。爬到"蝴蝶谷"的终点，野菊花开满山脊，随见青斑蝶、虎斑蝶、拟旖斑蝶、蓝点紫斑蝶在阳光下或倒挂吸蜜，或追逐嬉戏，好一派蝴蝶乐园的美景。

陈老师介绍说："荷包岛上已发现野生蝴蝶 9 科 91 属 164 种，有 60 多种中国名贵观赏蝴蝶，占全中国 60% 以上，无论蝴蝶品种、数量，与台湾'蝴蝶谷'相比都毫不逊色。"

出乎意料的是，蝴蝶谷最"可观"的季节竟然不是夏天，而是冬天。每年 12 月起，珠海地区以及更广阔的珠三角地区的幻紫斑蝶、蓝点紫斑蝶、青斑蝶等飞越了波涛汹涌的大海来到这里。和其他蝴蝶不同，这些越冬蝴蝶能够抵御荷包岛冬季 5 摄氏度左右的低温。在寒冷的季节里，它们会为自己寻找一处避风的山谷，然后一动不动地趴在树枝上"熬"过整个冬天。气温下降时，它们会紧紧收拢翅膀，让自身的活动和消耗减到最少。而在太阳高照时，它们的翅膀又会稍微张开，身上的鳞片也会自动平铺在体表，以充分享受日光、汲取能量，停驻在枝头数月之久的美丽"叶子"，会扑扇着翅膀，翩翩起飞。2006 年，由陈敢清拍摄的荷包岛千蝶越冬奇观作品《花非花》获

全国昆虫摄影大赛二等奖，发表于《人与自然》杂志，震撼了全国昆虫界。

从此，每年的春秋时节，我都会从上海飞抵珠海，登上这个美丽的蝴蝶岛，去寻蝶、观蝶、摄蝶、研蝶。与蝶共舞，不亦乐乎。

巴西亚马孙热带雨林蝶类考察
张 宁

巴西亚马孙热带雨林位于亚马孙盆地，占地700万平方千米，跨越8个国家，占据世界雨林面积的一半，森林面积的20%，是全球最大及物种最多的热带雨林，被人们称为"地球之肺""生命王国"。生物物种达数百万种，占全世界总数的1/5，其中昆虫预计有百万种之多。

对于爱好昆虫的人来讲，巴西亚马孙热带雨林无疑是个令人神往的地方。为初步了解亚马孙热带雨林昆虫资源状况、深入调查南美蝶类多样性，2016年元月末，一支由张宁、戚广平、

　　黄晔、匡霞、申华蓉、戚致远、杨行健、黄申祥 8 位虫友自发组织的科考队踏上了这片神秘土地，开启了为期 18 天的南美昆虫探究之旅。经观察、拍摄和采集，共记录昆虫 300 余种，其中鳞翅目蝶类计 13 科 122 种，蛾类计 45 种。

草芷凤蝶（*Papilio thoas*）

南美大黄粉蝶（*Phoebis philea*）

阿齐闪蝶（*Morpho achilleana*）

热带女王斑蝶（*Danaus gilippus*）

曲带猫头鹰环蝶（*Caligo oedipus*）

窗绡蝶（*Thyridia themisto*）

黄尾柔眼蝶（*Pierella hyceta*）

剑尾凤蛱蝶（*Marpesia petreus*）

白斑红纹蛱蝶（*Anartia amathea*）

白带钢纹蛱蝶（*Colobura dirce*）

南方涡蛱蝶（*Diaethria meridonalis*）

衣斯袖蝶（*Heliconius issobelle*）

彩页袖蝶（*Heliconius phyllis*）

南美天狗喙蝶（*Libytheana carinenta*）

白点蚬蝶（*Stalachtis phlgia*）

银星弄蝶（*Zophopets dysmephila*）

校园蝶蛾实践活动

花若盛开，蝴蝶自来
——走近中华虎凤蝶，保护生物多样性系列活动
上海市沪新中学

● 活动背景和目的

中华虎凤蝶是中国独有的一种野生蝶，已被世界自然保护联盟 LUCN 红皮书《受威胁的世界凤蝶》列为"易危"（VU）级，非常珍稀，被誉为"昆虫中的大熊猫"。而它之所以处于极度濒危状态，究其原因有两个。

一是内因：中华虎凤蝶 1 年只发生 1 代，寄主单一，仅产卵于杜衡等马兜铃科细辛属的多年生败花或无花瓣类草本植物上。一年里有 300 天都是蛹期，极易受到伤害。活动期很短，只有 3 月下旬到 4 月上旬不到 1 个月的时间，生存能力非常差。

二是外因：中华虎凤蝶的寄主植物杜衡和细辛均有药用价值，长期以来作为传统中药材被采集利用，需求量很大。特别在长江中下游，人类干扰强度通常已达到或超过临界点，寄主植物资源正在急剧减少，中华虎凤蝶的生存环境受到极大破坏。

而正因为它处于灭绝的边缘，针对此类蝴蝶的商品开发兴起。收藏者、标本商等对其趋之若鹜，直接捕捉更使得它们受到伤害。所以中华虎凤蝶最大的敌人是我们人类。要想让中华虎凤蝶重现辉煌，指望蝴蝶自己是不行的。中华虎凤蝶的保护，说到底是对环境的保护。保护中华虎凤蝶，就必须保护中华虎凤蝶的生存环境；而且中华虎凤蝶对气候、生态环境的变化有着积极的指示作用。因此归根结底，关注生物多样性，保护中华虎凤蝶，保护它们的生存环境，就是保护我们人类自己。

怎样才能改变中华虎凤蝶的命运，如何让它们继续无忧无虑地在花草丛中飞舞？我们应该为保护蝴蝶和生物多样性做些什么？为了普及蝴蝶知识，让学生更关注生物多样性，提升学生的环保意识，我们设计并实施了以中华虎凤蝶为主线的围绕生物多样性开展的系列活动。

通过这一系列活动，为学生创建一个了解动植物、了解自然的平台。全面普及蝴蝶基础知识，让学生深入接触蝴蝶，了解蝴蝶的生活环境、寄主植物、蜜源植物、生活习性等。并鼓励学生从我做起，做出一些改变，为生物多样性的保护出谋划策。并能将学到的知识传播到家庭和社区，带动大家减轻人为压力，促进生物多样性的自我修复和保护。

● 活动简介

2014年上海市沪新中学蝶梦苑开园，并与浦东新区8所中小学、幼儿园组成生态教育学校联盟。学校从"人与自然"入手，根据学校自身实际特点和教育优势资源，充分发挥教师的集体智慧，设计出符合青少年特点的蝶类和生物多样性相关课程，开展了一系列以中华虎凤蝶为主线的、围绕生物多样性开

展的活动。

整个系列活动包括 7 个方面：①相关课程的开设；②世界名蝶的辨识活动；③中华虎凤蝶寄主植物和蜜源植物的种植；④优势观赏蝶种的人工养殖；⑤有关中华虎凤蝶和寄生植物、蜜源植物的自然笔记活动；⑥对中华虎凤蝶生活史、生存现状的研究；⑦蝶类知识和生物多样性的宣传普及。让我校学生通过参与这些活动，接触蝶类，了解生物多样性知识的同时，也以实际行动参与到保护生物多样性中来。

● 实施过程和各项活动过程简介

各项活动于 2014 年 3 月~2015 年 10 月陆续开展。

相关课程的开设：在预备年级开设昆虫、蝴蝶微课程，设计相关教学内容，每周开展一次教学，每半学期完成一个主题内容，课程内容涉及昆虫、蝴蝶相关知识的普及，为后续的活动打下基础。在初一年级开设蝴蝶的养殖和探究研究型课程，主要在学校蝶梦苑和蝶艺坊展开教学。学生通过课程初步了解蝴蝶的养殖过程，掌握探究的基本步骤，为后续的研究做铺垫。初二年级开设"绿色志愿者"拓展型课程，课程内容主要来自浦东新区绿色学校试点教材《绿色志愿者》，其余为教师结合学校特色自主设计。学生通过课程，了解什么是生物多样性、蝶类和生物多样性的关系，以及生物多样性现状等知识。

世界名蝶的辨识活动：通过学校的一梯一廊普及世界名蝶知识。名蝶梯，台阶上粘贴 108 种世界名蝶标本图。一号楼进门处墙面设置与标本图对应的世界名蝶名录版面，用于世界名蝶辨识。标本廊，正反陈列中国蝴蝶 12 科展翅标本 200 种，配以分科版面，用于蝴蝶科属分类和鉴定。通过"门口网"平台，建立世界名蝶网上教室。让学生学习名蝶知识后，在网络上进行世界名蝶辨识的竞赛。

中华虎凤蝶寄主植物和蜜源植物的种植：介绍学生认识常见的蝴蝶寄主植物和蜜源植物，认识植物花和叶的外形特征，知道常见的植物名称及辨识重点。适当移栽并繁殖中华虎凤蝶的寄生植物杜衡，蜜源植物油菜、诸葛菜、五色梅、红花酢浆草等。逐步过渡到学生能够自己修剪、栽培、发现并探索更多的中华虎凤蝶蜜源植物，了解蜜源植物的种类多样性。

优势观赏蝶种的人工养殖：这些年随着城市化建设的加快，城市里的孩子越来越难见到各色蝴蝶了。本次系列活动中最重要的是让学生能够回归自然、融入自然。学校2014年新建的蝶梦苑为一个自然常温的蝴蝶养殖场所，背风向阳，通风良好，是一个适合蝴蝶生长发育的地方。我校蝴蝶种源一开始为野外

采集或购入，随着养殖时间的增加、养殖经验的积累，蝴蝶种源将来自校内种植的寄生植物引蝶产卵，这样更保证了原生态。通过参与观赏蝶种的人工养殖，学生们观察蝴蝶结蛹羽化过程，体验亲手放飞，校园将出现蝴蝶翩翩的美丽景象。

有关中华虎凤蝶和寄主植物、蜜源植物的自然笔记活动：为了激励学生更细致地观察蝴蝶成长过程，掌握寄主植物和蜜源植物的特点，深入体会人与自然和谐的意义，学校进一步组织了自然笔记活动。学生将自己对自然的思考，结合蝴蝶和植物生命活动的场景、片段或过程，通过文字、绘图、照片、影像等各种形式记录下来，在记录的过程中解开自然的秘密、珍惜和自然共处的时光、体验自然的美好、感悟生物多样性的意义。

对中华虎凤蝶生活史、生存现状的研究：结合蝴蝶养殖，课题组的学生都要参与课题，完成观察研究。课题内容一开始主要由教师启发学生产生，但经过学生的养殖、观察实践后，学生自身会产生许多新问题。我们鼓励并尊重学生对课题内容进行自由选择，教师提供指导和规范。学生们以中华虎凤蝶为主，对于它的生活史、食量、能量转换率等方面进行了调查研究。在对众多数据和现象的分析研究中，学生们获得了很多课堂上

学不到的知识，更是直接体验到了蝴蝶的资源优势和潜在价值。这对加强学生的学习动机、提升学习满足感等都具有促进作用。同时也产生了一批有价值的小论文，并在市区竞赛中取得了不错的成绩。最终的成果更能够直接与家长、社区进行分享，对保护生物多样性起到积极的宣传作用。

蝶类和生物多样性的宣传普及：我校的蝶梦苑建成已有 1 年多，其特色构建、课程探究、观察科目、动手实践等项目被周边社区和学生们所喜爱。为了将这份大自然的美好礼物带给更多的人，让大家更直接地体会保护生物多样性的意义，我校邀请了周边社区群众、学校学生参观、体验。其中东方江韵幼儿园森兰部大班、冰厂田幼儿园、金童幼儿园的孩子们化身小小摄影师、小小调查员，在沪新中学老师的带领和讲解下，近距离接触蝴蝶，了解蝴蝶习性，收获了知识并加强了对大自然的喜爱。学习中的那份专注和快乐必会给孩子们的成长带来更多的助力。

· 活动结果

活动相关数据

序　号	活 动 内 容	活 动 结 果
1	参加总人数	1 700 余人
2	课题组成员	30 人
3	开设微课程	2 门
4	开设拓展型课程	1 门
5	开设研究型课程	1 门
6	整合社会资源	18 家
7	拍摄宣传片	3 部
8	形成小课题	11 个
9	养殖蝶类总数	6 种
10	种植蜜源植物和寄主植物总数	15 种

● 活动收获和成果

蝴蝶是青少年喜闻乐见的生物，蝴蝶对维护自然界的生态平衡起着重要的作用，是生态系统中食物链不可缺少的环节，是生物多样性的重要组成部分。我校以蝴蝶为主线展开教学科普活动，让学生感知蝴蝶生命之美、蛹虫化蝶之艰辛，自觉维护生态和谐。通过一系列的项目指引，学生们越来越乐在其中。

"走近中华虎凤蝶，保护生物多样性"系列活动已成为沪新中学校园内一道最靓丽的风景。每位初中生都有一次学养蝴蝶、种植蜜源植物的经历，培养了学生亲近自然的情感和探索科学、研究生命奥秘的探究能力：学生调查校园的绿化状况、蝴蝶园日照情况，在此基础上设计并改造蝴蝶园的生境，改良蝴蝶园内土壤；探究蝴蝶的蜜源植物，选择并种植、管理蜜源植物；废物利用制作盆栽，种植蝴蝶蜜源植物；探究室外蜜源植物的种植及日常养护，设计规划蜜源植物的种植，进一步美化校园。师生们都说，自从蝶梦苑建成、活动开展后，校园环境变得更美了。我们看到越来越多的绿色出现在我校，我们看到越来越多的蝴蝶飞来我校安家。蝴蝶多了正是生态物种多样化的一个象征，我们希望借我们的微薄之力，带动更多的人欣赏蝴蝶、喜爱蝴蝶、爱护蝴蝶。并为世界添一抹绿，为保护生物多样性出一份力。

我们始终相信——花若盛开，蝴蝶自来。

探究与案例

　　蝶蛾是一个没有被人类完全认识的生物类群，蕴含了巨大的自然、仿生、人文和艺术等价值，因此有必要对此开展相关的研究。本篇从选择课题、确定研究方法、撰写"小论文"和蝶蛾小课题参考等方面对怎样开展蝶蛾课题研究做介绍，并选用了历年在全国少年科学院小院士评比、上海市青少年科技创新大赛和"宝山杯"青少年生物与环境科学小论文展示活动中获奖的蝶蛾研究课题论文作为案例。

怎样开展蝶蛾课题研究

······ 选择课题

　　选择蝶蛾研究课题要遵循"实用性""可行性"和"创造性"原则。实用性就是选择的课题要在生产、生活或科学上有一定的实用价值，即研究成果有可能进行移植应用和推广服务。可行性就是选择的课题要从自然现状和实际生活出发，要从我们掌握的蝶蛾知识基础、现有的实验条件和经费条件来确定课题，经过努力可以达到目标。创造性就是选择的课题有新的设想，在已有研究的基础和方法上有所创新，而不是简单地重复别人已经做过的研究。蝶蛾研究选题时宜"小"而"巧"，切忌"大"而"全"。

······ 确定研究方法

　　课题确定后，就要选用恰当的研究方法来完成课题。蝶蛾研究方法主要有调查法、观察法和实验法 3 种。调查法就是调查某一地区的蝶蛾在种类、数量、发生和分布上的规律，如下文中案例 1 "亚马孙雨林局部区域蝶类资源初步调查及对环境保护的启示"、案例 2 "东天目山地区灯诱蛾类种类初步调查"，这些调查结果有可能被当地有关部门采纳，发挥出一定的社会效益和经济效益。这种研究方法一般不需要复杂的仪器和设备，学校和个人都可以进行，但对蝶蛾的鉴定要有扎实的功底。观察法就是针对某种蝶蛾的生活习性和生长发育进行深入细致的观察，以了解其规律性。在研究过程中，被观察的对象要有一定的数量，注意应进行重复的观察，以便得出的结论具有普遍性和代表性。在观察的同时，如能注意采集，制作出生活史标本，则效果更好，如案例 3 "中华虎凤蝶食量及能量转换率初步探究"。调查法和观察法一般都是在不改变生物的环境条件下进行的，而实验法则是人工改变蝶蛾生活环境中的某个因素（如食物、温度、湿度、光照等），观察对蝶蛾所产生的影响，找出其规律，如案例 4 "过冬蛹的人工羽化实验"。实验法还包括对标本采集、制作、保存中的器材及方法进行改进的实验研究。实验的方法一定要注意科学性。

.... 蝶蛾小课题 ....

蝶蛾小课题参考

类别	课题参考	研究提示	时段	对象
资源调查类	××地区蝶类（蛾类）资源调查研究	调查范围可选校园、小区、绿地、公园、农田、滩涂、山区等。采用网捕采集、灯诱采集、生态观察、生态拍摄等方法，选多点调查区域内蝴蝶（蛾）种类、数量、发生和分布情况	全年	小组
	××蝶（蛾）在××地区的发生规律及防治	选菜粉蝶、玉带凤蝶、紫灰蝶、稻弄蝶、锦斑蛾、雪尾尺蛾、绿刺蛾、绿尾大蚕蛾、人纹污灯蛾、白薯天蛾、豆天蛾、光裳夜蛾、苹掌舟蛾等农林园林害虫。跟踪记录观察其生活史、世代、发生量等，为预测预报和有效防治提供参考	全年	小组
习性观察类	××蝶（蛾）一生的观察	选本地常见的蝶（蛾）种，采用野外观察与人工饲养相结合的方法观察记录其整个世代	3个月	个人
	××蝶（成虫）访花习性的观察	观察蝶种和蜜源植物的关系（记录、拍摄）	随机	个人
	常见蝶（蛾）寄主植物研究	观察3~5种蝶（蛾）幼虫的生境（记录、拍摄）	全年	小组
	蝶（蛾）幼虫取食习性研究	选3~5种蝶（蛾），在人工条件下观察幼虫各龄期的取食量	1~2个月	小组
	蝶（蛾）鳞片色彩比较研究	高倍显微镜下拍摄蝶（蛾）鳞片的形态与分布规律，整理出色谱	随机	个人
对比实验类	各种因素对蝶（蛾）活动的影响研究	通过控制温度、湿度、食物、光照等实验因素，比较野外与人工环境条件下各因素对蝶（蛾）活动的影响	随机	个人

（续表）

类别	课题参考	研究提示	时段	对象
对比实验类	蝶蛾（成虫）器官对活动的作用	通过对完整蝴蝶成虫器官的处理，对观察状态与常态进行比较	随机	小组
	蝴蝶人工饲养与观光技术	选2～3种本市常见观赏蝶种，在人工条件下进行全虫态饲养	全年	小组
方法技术类	蝶（蛾）标本制作工艺的改进研究	采用展翅、贴翅、封埋等方法，通过工艺改进，对蝶（蛾）标本制作流程进行简化	随机	个人
	捕蝶工具的改进与使用	对传统捕蝶工具进行改进，体现轻巧、方便、实用（制作实物演示）	随机	个人
	蝴蝶标本的保存与展示方法	通过有效的方法找到蝴蝶标本防霉、防蛀、防压、便于携带等保存与展示的方法	随机	个人
	中国蝴蝶文化探究	收集整理我国历代蝴蝶诗歌、戏曲、绘画、民间传说等资料，分析其历史渊源及文化内涵	随机	个人

撰写"小论文"

"小论文"是课题研究成果的重要表达方式，包括以下内容。

● 题目

小论文的题目要求简洁、明了、新颖，能吸引读者，体现研究对象、范围、方法等要素。

● 摘要

在文章的开头，即本研究的概括，说明研究目的、方法、结果和成效。

● 引言或课题由来

说明进行该项研究的目的、作者是怎样想到要开展这方面研究工作的等。

- 研究方法

要写清楚研究对象、实验材料、材料来源、研究进度、研究方法以及所用的仪器设备等。

- 结果与讨论

结果是论文的论据部分，如有可能则最好用数据的形式表示，整理成表格；如能进一步画成曲线图，则更加形象，有说服力。讨论是论文的论证和论点部分，是在分析所得到的数据后得出的科学的结论，也就是论点，并在理论上加以说明。

- 收获和体会

通过研究对自己在各方面的帮助和提高，谈谈该研究的不足之处等。

- 参考文献

即注明本研究中所参阅的相关资料、书籍等。

经典研究案例

案例 1
亚马孙雨林局部区域蝶类资源初步调查
及对环境保护的启示
作者：杨行健　指导老师：张宁

摘要：蝴蝶是生态环境和生物多样性的重要指示性物种。2016年初，于南美洲巴西境内亚马孙地区进行了为期 18 d 的蝴蝶资源考察。通过采集、拍摄、观察等方法调查到 13 科 110 种蝶类，其中，袖蝶科的 *Dryas julis* 等、蛱蝶科的 *Hamadryas guatemalena* 等、绡蝶科的 *Thyridia themisto* 等、弄蝶科的 *Urbanus teleus* 等、闪蝶科的 *Morpho achilleana* 等为优势种，并在考察中调查到了当地新纪录蝶种 *Hermeuptychia sosybius*。通过与海南雨林地区蝴蝶资源在形态和种类及数量变化等方面的比较，发现两地蝶类在种类、形态特征等方面具有很大差异：亚马孙的生物多样性要明显高于海南，且海南地区由于经济开发等原因使得当地植物多样性受到影响，其蝴蝶分布呈现出种类少而单一蝶种种群数量多的特点。

关键词：亚马孙　蝶类　调查　比较

1. 课题由来

热带地区是蝴蝶最丰富的地区，为研究南半球巴西亚马孙热带雨林地区和北半球海南热带雨林地区之间蝴蝶资源的差异，于 2016 年 1 月及 8 月对两地的蝴蝶资源进行了比较研究，从中找出它们的异同。据资料记载，亚马孙热带雨林地区的蝶类多样性极其丰富，种类占到世界的 30％。但对于亚马孙热带雨林地区的蝴蝶资源，可检索到的资料不多。蝴蝶是生态环境和生物多样性的重要指示性物种，希望通过蝶类资源调查了解环境变化对生物多样性的影响。

　　亚马孙热带雨林地区位于赤道两侧，终年受赤道低压控制，全年炎热多雨；年平均气温为 27℃ 左右，最高温度为 36℃ 左右，年降雨量为 2 500 mm 左右。亚马孙热带雨林蝶类研究的文献较少，说明对于此地的蝶类研究也较少。2016 年 1 月末至 2 月中旬，通过拍摄、观察、采集的方式进行了为期 18 d 的亚马孙雨林蝶类资源调查，了解当地的生态环境对蝴蝶的影响；2016 年 8 月和 10 月，调查了海南当地的蝶类资源，并将两地蝶类资源进行比较。

2. 研究过程与方法

2.1 调查器材

2.1.1 采集器材：昆虫网，三角包。

2.1.2 摄影器材：相机，手机。

2.1.3 保存器材：干燥剂，红外汞灯。

2.2 调查地点

2.2.1 亚马孙雨林地区（圣保罗、马瑙斯、里约热内卢、伊瓜苏）。

2.2.2 中国海南（尖峰岭、霸王岭、琼中地区）。

2.3 研究方法

2.3.1 在步行时用昆虫网采集飞行中的蝴蝶，并放入大小合适的三角包内。

2.3.2 如遇蝴蝶在花、叶、树干或地面取食或休息，先用照相机进行抓拍，然后进行捕捉（同上）。

2.3.3 回上海后进行标本制作，查阅蝶类书籍进行鉴定并讨论。

3. 调查结果

略。

4. 分析对比

4.1 蝶类科、属、种比较

在科的比较中，亚马孙比海南多出了 3 个科，包括闪蝶科、袖蝶科、绡蝶科；相同有 10 个科，占 77％。在属的比较中，两地共有 16 个属相同，占 17.2%。在种的比较中，只有迁粉蝶 1 种两地同种，占 0.9%。由此可见，两地蝶类多样性差异度极高。

4.2 蝶类外观比较

亚马孙蝶类与海南蝶类相比，不同点是：亚马孙蝶类相比海南蝶类翅面颜色丰富，且多数更为鲜艳；亚马孙与海南相同种的蝶类的体型有较明显差异。同时，除蛱蝶科外，海南的斑蝶科种类较丰富，而亚马孙则是弄蝶科种类非常丰富。

4.3 产生原因分析

亚马孙属于新热带界，而海南属于东洋界，两区虽同为热带雨林地区，但也有巨大差别。东洋界的大部分原本是劳亚古陆的一部分，在历史上曾与欧亚大陆其他部分密切联系，因此东洋界物种虽然丰富，但特有的科却很少。现今东洋界的物种不少为与旧热带界共有，代表着两个北方风格的热带动物区系，也和古北界、大洋界有一定的联系。而新热带界是物种最丰富的一个动物区系，无论是物种总数还是特有种类的数量，都比其他动物区系要多得多。新热带界物种丰富，正是目前优越的自然条件和独特的物种发展历史共同作用的结果。新热带界是所有动物区系中环境最优越的，大部分地区气候温暖湿润，并拥有世界上最大的热带雨林亚马孙平原，说明其地理环境具有一定的多样性。

经过海南实地调查及资料显示：海南木本植物生长繁茂，但其林下植被的密度较小。经过对亚马孙热带雨林地区的调查和资料显示：当地热带雨林地区草本植物更为茂盛，使得当地取食草本植物的蝴蝶种类繁多。这是因为：①亚马孙和海南所处地理位置的不同导致蝶类寄主种类、数量及分布不同；②两地气候特点的不同导致两地蝶类的差异较大；③两地蝶类的衍化不同。

5. 收获与讨论

5.1 两地蝶种差异较大

两地虽同样处于热带地区，但蝶种差异较大。但海南因其资源开发、旅游业发展和地理位置等原因，与亚马孙蝶类相比有着种类少、单一蝶种数量多以及蝶翅颜色较为单调的特点。

5.2 个别蝶种较为接近

两地蝶类虽有很大差异，但也有相似的种类。其中迁粉蝶（*Catopilia pomona*）两地同种，因其两地的寄主植物相同（如铁刀木）。

5.3 植被对于蝶类的影响较大

不同的寄主植物分布直接影响着蝶类的分布。由于亚马孙热带雨林保护完好，其植物多样性尤其丰富，因而蝴蝶多样性明显。但在海南，虽然单一蝴蝶种类的数量较多，但种类相对却比较少（基于同等条件下），这就能直接说明其植被类型的单一，可能是由于近年来海南经济种植和旅游开发过度（大面积种植香蕉、芒果、橡胶树、桉树等）导致植物的多样性减少，从而导致蝶类种类减少。将其他团队于 10 年前在相同时间、地点、天气等条件下调查到的蝴蝶种类与本次调查到的蝴蝶种类相比，10 年前比现在要多出约 30 种。同时，经过与海南 20 世纪 80 年代的蝴蝶考察数据相比，许多当地原先的优势蝶类现在已很难再见到，且随着全球年平均气温的升高，许多蝶类已开始慢慢向北迁徙。生态环境的变迁致使蝴蝶的生存也受到了不同程度的影响。

5.4 发现新纪录种

在此次调查中拍摄到了于 2013 年才被发现的蝴蝶，该蝶种是第一个在得克萨斯州保护区通过 DNA 条形码技术而被查明的物种：即眼蝶科的 *Hermeuptychia sosybius*。且经过查阅，发现此蝶种在亚马孙没有记载。

5.5 我国环境保护意识需要提高

在此次调查中，海南蝶类分布呈现单一种类数量多而种类少的特点，这也许与海南热带雨林地区经济植物种植与开发有关，值得我们注意和研究。亚马孙的环境保护意识要比中国强得多，希望我国相关部门加强对于保护环境的宣传，加强植物多样性的保护以丰富蝴蝶的多样性。

5.6 调查体会

通过本次调查活动，更深刻地了解了蝴蝶与环境的关系，学到了野外调查研究的方法，培养了投身于生物学研究的兴趣。同时也了解到因为生态环境的变迁，许多未知种类在未被发现之前就已经灭绝了，我们所面临的环境问题非常严峻。由于蝴蝶是环境变化的指示性生物，英国早在 1979 年就已经开始通过蝴蝶的监测反映生态环境及生物多样性等的变化，而我国是从 2016 年才正式开始蝴蝶监测，希望有关部门加强对蝴蝶多样性的重视。

6. 参考文献

略。

案例 2
东天目山地区灯诱蛾类种类初步调查
作者：毕舜　张思凡　甘苏羽　　指导老师：陶菁

摘要：为了在"我爱森林"STS 课程中选择最佳采集点，我们于 2015 年春、夏、秋三季利用假期和双休日 4 次前往浙江东天目山进行昆虫探究活动。通过考察，我们拍摄并采集到了大量灯诱蛾类近 300 种，部分制成标本，其余通过照片进行对比分析，初步统计出蛾类 19 个科，共 200 种，并编写出东天目山灯诱蛾类名录（初报）。调查发现尺蛾科在东天目山分布种类较多，有 47种，但可供参考的有关蛾类的资料太少，以致仍有约 100 种蛾类尚未鉴定出来。

1. 调查背景

我校每年在七年级 STS 课程中开展"我爱森林"科普考察活动，前几年大多以距离上海 200 多千米的西天目山为考察基地，但西天目山是国家级自然保护区，对我们开展昆虫资源考察活动有诸多限制，而距西天目山近数十千米的东天目山，已开发成国家 4A 级景区，生态环境较好，其良好的交通配套设施适合我们建立新的昆虫科普考察基地。据考证，东天目山可查昆虫资料较少，尤其是蛾类资料更加匮乏，为此，我们在 2015 年的 4 月、6 月、

7月和9月共4次前往东天目山，用灯诱法调查该地区的蛾类种类，也为学校STS课程的科普考察活动积累资料。

2. 调查过程与方法

2.1 调查器材

2.1.1 诱蛾器材：450W高压汞灯，白布（1块）。

2.1.2 捕捉器材：网兜，镊子，装有酒精的注射器，三角包。

2.2 调查地点

大泽地度假公寓2楼，东天目山景区西门，东天目山景区东门，梅家村一废弃别墅。选择面向山体开阔处悬挂白布。

2.3 调查过程与方法

2.3.1 在入夜之前选择上述4个采集点设置灯诱，尽量在走廊屋檐下设点，并注意防雨。

2.3.2 利用大部分蛾类所具有强烈趋光性的特点，从当天夜晚一直到次日凌晨，会有不同种类的蛾飞来，趴在白布或周边物体上。

2.3.3 一般于晚上10时和次日5时两个时间段收集标本。

2.3.4 对飞来的蛾类进行有选择的捕捉，对较大的蛾类直接用网兜或手捕捉，对较小的则使用镊子夹住胸部，使之窒息，然后从腹部插入注射器，在胸部注射少量酒精直至其昏迷不动（酒精在短期内也有防腐的作用），接下来整理好翅膀并放入三角包中。一般大型蛾注入微量酒精，小型蛾注入量则更少。

2.3.5 大部分蛾类以摄影记录的方式为主，由张宁老师协助拍摄蛾类生态照片。

2.3.6 在驻地进行展翅标本制作，用红外线灯加热，烘干后放入昆虫盒，回来后，把制成的标本和摄影图片与现有资料进行对比，鉴定出所捕捉到的蛾的种类。

3. 调查结果与分析

通过春、夏、秋三季4次赴东天目山进行灯诱蛾类，收获了大量的标本和拍摄资料，查阅相关资料并走访有关专家后，统计出东天目山灯诱蛾类名录（略）。

我们共拍摄了近 300 种蛾类，共鉴定出 19 个科 201 种，充分体现出了东天目山的蛾类多样性。其中出现频率较高的有鹰翅天蛾、环夜蛾、葡萄缺角天蛾和枯叶夜蛾。我们还观察到上半夜飞来的以小型蛾类居多，而大型蛾类在下半夜出现较多。根据统计，尺蛾科的种类最为丰富，有 47 种；其次是夜蛾科，共 39 种。调查时间主要在 4 月、6 月、7 月和 9 月，其中 7 月多雨，却仍然诱捕到了近 200 种蛾类，且数量庞大，可见灯诱捕捉的方式受天气影响不大。

4. 收获与讨论

通过此次对东天目山地区的调查，对蛾类多样性有了更深入的了解。我们发现灯诱蛾类受天气影响较小，而过去我们都认为蛾类雨天不出现。但人们的生活灯光对有趋光性的野性昆虫的影响还有待探究。

在鉴定过程中，我们发现一部分江浙地区尚未记载的蛾类，包括黄连木尺蠖、曲紫线尺蛾、柿星尺蛾、折无缰青尺蛾、枣尺蠖、紫斑绿尺蛾、斑盗夜蛾、冷锭夜蛾、平嘴壶夜蛾、曲线奴夜蛾、饰夜蛾、柿裳夜蛾、艳修虎蛾、赭黄长须夜蛾、织网夜蛾、白毒蛾、榆黄足毒蛾、格线网蛾、窄掌舟蛾、赭小内斑舟蛾。我们设想与当地农林局取得联系，提供蛾类调查资料，填补空白。目前仍有不到 100 种蛾类未能鉴定出来，由此可以看出蛾类的调查资料还不是很完善，这方面的空白还有待填补。

我们统计的春、夏、秋三季蛾类数据，补充了当地昆虫资料的不足，有机会我们可以把拍摄到的蛾类制作成展板，在景区展出，如果有条件，就在景区步道两侧的植物上挂牌，以进行科普。另外，我们发现东天目山地区已形成较为稳定的生态系统。因此，我们希望今后可以把东天目山景区作为有关蛾类调查的基地，让更多的青少年及爱好者进行有关的调查，以便更为详尽地调查蛾类并填补这一方面的空缺。

在查阅资料时，我们发现仍有不少有趋光性的蛾类没有被观察到，我们猜测是由于我们使用的高压汞灯的光谱不在那些蛾的可见光谱内，因此下一步可使用不同光源进行诱捕。

由于目前掌握的资料有限，我们查找到的蛾类寄主植物较少。下一步我们会继续完善蛾类所对应的寄主植物，调查东天目山地区的植被分布并前往东天目山当地反向调查分析蛾类分布、数量与寄主植物分布、数量之间的关系。

5. 参考文献

略。

案例3

中华虎凤蝶食量及能量转换率初步探究

作者：谢晓薇　王皓俊　指导老师：张丽辉

摘要：我们通过对中华虎凤蝶幼虫食用杜衡数量的调查，统计叶片的数量与质量，对中华虎凤蝶幼虫的食量以及能量转换率进行探究，并且利用这一经验指导该蝶的培育。由于杜衡是一种药材，具有一定的经济价值，在野外杜衡资源十分有限。中华虎凤蝶是一种狭食类动物，杜衡是其幼虫唯一的寄主植物，所以杜衡的数量对中华虎凤蝶的种群规模有着直接影响。通过计算中华虎凤蝶的能量转换率，可以了解杜衡与中华虎凤蝶之间的相互依存关系，和维持这一生态系统处于动态平衡的意义。我们查阅了书籍，发现在这一方面并没有相关的资料。于是，我们对此展开了研究。实验结果表明：中华虎凤蝶的能量转换率为4.54%，远低于一般生态系统能量转换率10%～20%的范围。

关键词：中华虎凤蝶　食量　能量转换率

中华虎凤蝶 *Luehdorfia chinensis* 成虫翅展 55～65 mm，雌蝶的后翅前缘有一个眉毛形状的黑色横条纹，而雄性为圆形斑点。体、翅黑色，斑纹黄色。胸背面和腹部、前翅基部及后翅内缘密生黄色软毛。前翅具有 7 条黄色横斑带，基部 1 条粗，从前缘达后缘。前后翅反面与正面基本相似。

1. 问题的提出

中华虎凤蝶是国家二级保护动物，近年来由于其栖息地生存环境条件的制约，该蝶的野外生存面临极大的危机。为对中华虎凤蝶的保育做出一定贡献，我们沪新中学蝴蝶兴趣小组成员于 2015 年 3 月 22 日从江苏镇江宝华山采得了中华虎凤蝶卵和它的寄主植物杜衡，一并移植到校园，进行人工培养，4 月 3 日孵化出一龄幼虫，进行观察、记录。

在饲养过程中，我们发现中华虎凤蝶幼虫进入暴食阶段后杜衡叶片数量开始不够，每片叶子都吃得只剩叶柄，于是我们就想通过中华虎凤蝶幼虫能量的转换率来估算所需的杜衡数量，防止资源浪费，并做好校园杜衡的种植，以确保 "杜衡→中华虎凤蝶" 这条食物链的能量供给充分且不浪费。

2. 研究方法

文献法和实验法。

3. 研究材料

3.1 虫源

江苏镇江宝华山南麓引进的中华虎凤蝶卵。

3.2 寄主植物

马兜铃科的杜衡（*Asarum forbesii*）。

3.3 其他

毛笔，相机，刻度尺，显微镜，温度计，湿度计等。

4. 实验过程

4.1 野外采集

采集中，我们发现中华虎凤蝶的卵都产在杜衡叶片背后，并且聚集在一起，每一片上有 10~16 粒，立式卵，顶部圆滑，底部平，呈馒头形，颜色为黄绿色，泛有珍珠光泽，快要孵化时，颜色转为银灰色，且卵的内部也不断地变化，显微镜下能看到幼虫的体毛。

中华虎凤蝶卵的相关数据

数量（只）	直径（mm）	高（mm）
176	1.00	0.7

4.2 孵化

将带有中华虎凤蝶卵的叶片采集下来后，在叶柄处包上湿纸巾，放置于已准备好的容器中。

4.3 分组

按照孵化顺序分成 10 组，分别放置于 10 盆杜衡中，并且进行记录。

4.4 实验

在平均温度 18℃、湿度 52% 的环境中进行培育，对各龄幼虫的行为、身体变化进行记录，同时记录喂食杜衡的数量（数据略）。

我们统计了中华虎凤蝶的相关数据，具体见下列表格。

4.4.1 各虫龄统计：

虫龄统计

	天数（d）	体长（mm）	总食量（片）
一龄	6	5~7	8
二龄	8	8~12	40
三龄	6	13~17	62
四龄	8	18~30	403
五龄	6	18~30	183

4.4.2 孵化率 = 初孵幼虫的数量 ÷ 卵的总数量 ×100%=81%。

4.4.3 中华虎凤蝶蛹期相关数据：

蛹期统计

数量（只）	平均宽度（cm）	平均长度（cm）	平均蛹重（g）
120	0.7	1.9	0.3285

4.4.4 化蛹率＝蛹的数量÷幼虫的数量×100%=71%。

4.4.5 能量转化率＝蛹的平均质量÷幼虫食用的杜衡的平均总质量×100%=4.54%。

4.5 实验分析

4.5.1 我们把幼虫放在平均温度18℃、湿度52%的环境中培养，虫期一共34 d。一龄6 d，臭角很难发现，体毛短，只取食杜衡叶片背面，并且食量很少。二龄8 d，臭角浅黄色，体毛为灰色。三龄6 d，臭角由浅黄转为深黄，体毛为银灰色。四龄8 d，臭角为橙黄色，进入暴食阶段。五龄6 d，暴食，体毛较长，进入预蛹期。

4.5.2 孵化率未达到100%，我们猜测有两个原因：①卵可能一开始就没有受精或有些破损；②卵在孵化的过程中发霉，可能与培育环境湿度过大有关。

4.5.3 我们的化蛹率及平均蛹重与相关资料对比下来，均高于可参考资料的水平。

4.5.4 我们获取的能量转化率依照生态系统能量流动的算法计算得出。生态系统中的能量沿食物链流动，能量从绿色植物向食草动物、食肉动物等按食物链的顺序在不同营养级上转移时，有稳定的数量级比例关系，通常后一级能量约为上一营养级的10%～20%，通常以10%计算，所以也称为"十分之一定律"，而其余的能量由于呼吸、排泄、消费者采食时的选择性等被消耗掉。

我们所研究的"杜衡→中华虎凤蝶"这条食物链，只有两个营养级，就是杜衡和中华虎凤蝶，我们计算出的能量转换率为4.54%，远低于生态系统能量传递的一般范围（10%～20%）。我们培育的中华虎凤蝶的平均蛹重高于人工饲养的蛹重，叶片数量及质量也是客观的，而得出的结果远低于大家约定俗成的标准。

另外，在分组过程中，发现杜衡叶背面的颜色有两种，一种叶片背面为绿色，另一种叶片背面为暗红色，我们考虑中华虎凤蝶幼虫的取食可能具有选择性，于是我们进行分组实验，后发现幼虫对这两种叶片的取食并无偏好。

在饲养过程中，最大的天敌为蜘蛛。这种情况通常发生在中华虎凤蝶幼虫三龄到四龄期间，因为那个时期活动性较强，很容易爬出花盆，易被蜘蛛网缠住，导致死亡。

4.6 实验结果

经过一系列的研究，我们发现中华虎凤蝶能量转换率为4.54%，远低于常见生态系统的能量转换率，为我们在人工条件下培育中华虎凤蝶提供了参考。研究能量流动规律有利于帮助我们认识生态系统中的能量流动关系，根据能量流动规律建立人工生态系统，在不破坏生态系统的前提下，使能量持续高效地流向中华虎凤蝶。

猜想能量转换率低可能与中华虎凤蝶是一种早春蝴蝶，生长环境温度较低有关。

5. 思考

中华虎凤蝶的初孵幼虫是否取食卵壳：有些蝶种的初孵幼虫有取食卵壳的习性。我们在显微镜下观察到它的卵壳的破损为锯齿形，这是幼虫取食卵壳造成的还是出壳时内应力造成的？这一猜测可作为后续研究。

6. 收获与讨论

能够在饲养此类蝶种之前，估算所需杜衡的数量，避免资源过剩或资源缺乏的状况。

针对性地加强各虫期管理，例如在中华虎凤蝶幼虫暴食阶段，活动能力强，我们可使用网纱，避免幼虫被蛛丝缠绕致死。

加强对杜衡的栽培管理。

通过这次对中华虎凤蝶的实验活动，我们了解了蝴蝶世界的神奇与奥秘，培养了探究科学的兴趣，锻炼了生物学研究的能力，提高了团队合作的凝聚力。

7. 参考文献

略。

案例4
过冬蛹的人工羽化实验
作者：丁开源　指导老师：徐晓妍　朱群

摘要： 本课题是关于玉带凤蝶和红珠凤蝶过冬蛹的人工羽化实验研究。2010年11～12月，在我校生态园温控室内模拟春天的环境，给予两种过冬蛹一定的温度和湿度，对比各个条件下的羽化率，找出最适合蝴蝶羽化的条件。结果发现，在温度为31℃、湿度为85%～95%的环境条件下，经过低温处理的过冬蛹羽化率最高。

关键字： 过冬蛹　人工羽化

1. 研究背景

蝴蝶是一类很有价值的资源昆虫，它既可作为观光资源，又是制作蝴蝶工艺品的原料。如果能够将它积极地保育、合理地开发、充分地利用，这种再生资源的价值是非常可观的，也是取之不尽、用之不竭的。但是，在寒冷的冬天，就很难看到蝴蝶的踪影，我们就设想如果在本校生态园内提供蝴蝶羽化的相应条件，对蝴蝶进行反季节培养，是否在冬天也能看到蝴蝶翩翩飞舞的场景？为了证实我们的大胆的设想，演绎"梁祝化蝶"之美丽画面，实现科学价值，对当年培育的玉带凤蝶和红珠凤蝶的过冬蛹进行了羽化实验，探究最适合过冬蛹的冬季羽化条件。

2. 研究过程与方法

2.1 实验准备

2.1.1 实验器材：恒温箱（3个），控温器（3个），加热灯

50 W（3 个），电线，插线板等。

2.1.2 实验对象：玉带凤蝶的过冬蛹 120 只，红珠凤蝶的过冬蛹 120 只。

2.2 实验方法

准备 3 个恒温箱，利用恒温器分别控制在 25 ℃、28 ℃、31 ℃，湿度均设置为 85%～95%，选择当年末代玉带凤蝶和红珠凤蝶的蛹作为实验对象，同时将部分蛹放置于冰箱（4～8 ℃）低温处理 3 d，进行对比实验。

每天观察 3 个恒温箱的温、湿度情况，发现有偏差的，及时调节到实验所需条件，并及时记录。并对以下 3 种指标进行记录。

2.2.1 同种蛹在不同条件下的羽化情况。

2.2.2 不同蛹在同一条件下的羽化情况。

2.2.3 经过低温处理后（4～8 ℃，3 d）的蛹的羽化情况。

实验准备情况

恒温箱	1	2	3
温度（℃）	25	28	31
玉带凤蝶个数	20	20	20
低温处理后的玉带凤蝶个数	20	20	20
红珠凤蝶个数	20	20	20
低温处理后的红珠凤蝶个数	20	20	20

3. 研究结果与分析

经过为期 1 个月的研究，羽化出的蝴蝶个数与羽化率汇总和统计如下。

从 2010 年 11 月 8 日开始实验至 12 月 20 日，为期 42 d，有如下三个发现。

第一，同种蛹在不同条件下，其羽化情况随着温度的升高而升高。但温度过高也不行，这样会使蝴蝶蛹散失水分而无法羽化，所以温度 30～33 ℃是最适合蝴蝶蛹羽化的条件。

羽化情况汇总

温度（℃）	25	28	31
玉带凤蝶	0	2	5
羽化率	0%	10%	25%
红珠凤蝶	1	3	7
羽化率	5%	15%	35%
处理后的玉带凤蝶	3	11	16
羽化率	15%	55%	80%
处理后的红珠凤蝶	4	14	18
羽化率	20%	70%	90%

第二，在同一条件下，红珠凤蝶相对于玉带凤蝶蛹的羽化率高，经过查阅资料，发现可能与它们的分布有关。

第三，经过低温处理后（4~8℃，3 d）的蛹，其羽化情况都有明显提高，特别是温度越高，羽化率就越高。经过询问有关专家，原来经过低温处理的蛹从生理上以为已经度过漫漫寒冬，从极寒一下子变暖，起到了催化羽化的作用。同时，经过阅读参考文献，发现低温处理的时间还太短，应该延长到 5~8 d，这样羽化率可能会达到 100%。

综上，经过实验研究发现，在温度为 31℃，湿度为 85%~95% 的环境条件下，经低温处理过的过冬蛹羽化率最高。而红珠凤蝶的羽化率明显高于玉带凤蝶。

蝴蝶羽化出来了，我们可以在冬季温暖的午后，在生态园内欣赏蝴蝶的翩翩舞姿，但是早晚的温差、蜜源植物的短缺、寄主植物的匮乏，使刚羽化出的蝴蝶还是在两三天后从我们的生态园消失了。所以，我制作了一个生态实验箱，利用白炽灯作为阳光，底下放泥土并种上小草，在小草表面喷洒蜜糖水作为蝴蝶食物，同时保持内环境的湿度，这样，蝴蝶可存活达 8~10 d，让更多来生态园参观的老师和同学看到了冬季的蝴蝶。

4. 讨论与收获

通过本实验，我对玉带凤蝶和红珠凤蝶过冬蛹的羽化情况有了初步的了解，同时，也给我带来了新的研究方向，我准备在第二年冬季研究如何培育一代的蝴蝶，虽然在实验准备上有更大的难度，但我喜欢接受更大的挑战。

每一次小实验，对我来说都是一次宝贵的经验，由于经验不足，还有很多地方需要改进和提高，这里十分感谢王鸿平老师的指导和帮助，在他的指导下，我学到了许多关于蝴蝶的知识。

蝴蝶蛹的冬季羽化带给我许多对生命的感悟，以及对人类智慧的敬佩，即使在恶劣环境之下，只要我们用智慧给予一定的帮助，小生命也能奇迹般地诞生，让我感受颇深。

5. 参考文献

略。

认识蝶蛾

本篇分别精选生态蝴蝶
109 种、蛾 71 种，按科名、
中文名、学名、体型、习性、
寄主、中国分布和拍摄信息
注解。

有 关 说 明

【体型】的划分

小型：翅展 40 毫米以下

小中型：翅展 40～55 毫米

中型：翅展 55～70 毫米

中大型：翅展 70～85 毫米

大型：翅展 85 毫米以上

【中国分布】中的地区划分

华北：北京市、天津市、河北省、山西省、内蒙古自治区

东北：辽宁省、吉林省、黑龙江省

华东：上海市、江苏省、浙江省、安徽省、福建省、江西省、山东省、台湾省

华中：河南省、湖北省、湖南省

西南：重庆市、四川省、贵州省、云南省、西藏自治区

西北：陕西省、甘肃省、青海省、宁夏回族自治区、新疆维吾尔自治区

华南：广东省、广西壮族自治区、海南省、香港特别行政区、澳门特别行政区

中国蝶类

凤蝶科 Papilionidae

体大翅宽色泽艳，四翅中室皆闭合。
后翅多数有尾突，丰姿秀丽甚美观。

前翅黑色，翅
脉两侧灰褐色

头颈胸侧有红
色茸毛

后翅具耀眼的
金黄色斑纹

雌蝶后翅有 1 列
三角形黑斑

金裳凤蝶（ *Troides aeacus* ）♀

习　　性	访花，喜欢滑翔飞行于林间，姿态优美
寄　　主	卵叶马兜铃、印度马兜铃等
中国分布	华南、西南、华东、华中地区
拍摄信息	2015 年 10 月 5 日，海南儋州

大型

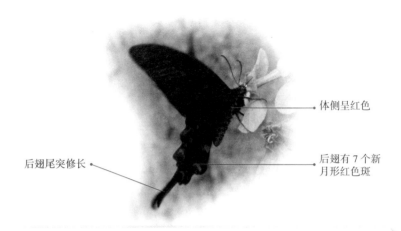

体侧呈红色

后翅有 7 个新月形红色斑

后翅尾突修长

中华麝凤蝶（*Byasa confusus*）♂

习　　性	飞行能力强，喜林间、林缘活动
寄　　主	北马兜铃、异叶马兜铃、大叶马兜铃、瓜叶马兜铃等
中国分布	华南、西南、华东、华中、华北、西北地区
拍摄信息	2016 年 4 月 10 日，江苏镇江宝华山

中大型

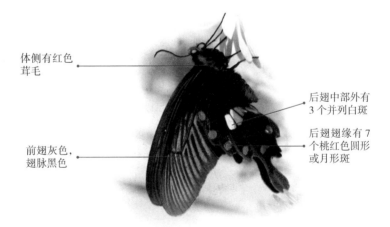

体侧有红色茸毛

后翅中部外有 3 个并列白斑

前翅灰色，翅脉黑色

后翅翅缘有 7 个桃红色圆形或月形斑

红珠凤蝶（*Pachliopta aristolochiae*）♂

习　　性	成虫飞行缓慢，常见于林缘花丛中飞舞或访花吸蜜
寄　　主	马兜铃等
中国分布	华南、西南、华东、华中、华北、东北地区
拍摄信息	2015 年 4 月 10 日，江苏洞庭西山

中大型

前翅灰白色

前后翅基部有
红色斑

后翅近基部
黑色

后翅中域有
大白斑

美凤蝶（*Papilio memnon*）♀，无尾型

习　　性	访花，飞行力强，多在旷野农田周边活动
寄　　主	柑橘类、两面针、食茱萸等
中国分布	华南、西南、华东地区
拍摄信息	2015 年 10 月 4 日，海南儋州

大型

前翅灰褐色，
翅脉黑色

后翅腹面外缘
有弧形红斑

后翅臀角处有
1 个红色眼斑

蓝凤蝶（*Papilio protenor*）♂

习　　性	喜集群在溪边吸水，飞行姿态优美
寄　　主	柑橘、枸杞、两面针等
中国分布	华南、西南、华东、华中、华北、东北地区
拍摄信息	2014 年 10 月 6 日，广东珠海荷包岛

大型

前翅黑褐色

后翅中部有 4 个
大形白斑

后翅黑色

后翅外缘有半
月形红斑

玉带凤蝶（*Papilio polytes*）♀

习　　性	访花，常见城市绿地和乡村庭院
寄　　主	桔梗、柑橘、花椒等
中国分布	华南、华东、华中、西南、华北地区
拍摄信息	2014 年 4 月 14 日，上海浦东

中大型

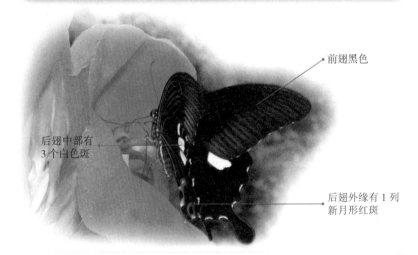

前翅黑色

后翅中部有
3 个白色斑

后翅外缘有 1 列
新月形红斑

玉斑凤蝶（*Papilio helenus*）♂

习　　性	喜集群在溪边吸水，飞行能力强
寄　　主	黄檗、花椒、吴茱萸、柑橘等
中国分布	华南、西南、华东地区
拍摄信息	2009 年 10 月 5 日，浙江温州龙湾潭

大型

整翅黑褐色，密布翠绿色鳞片

后翅背面中部有1大块翠蓝色斑

后翅臀角处有1个粉红色弦月斑

巴黎翠凤蝶（*Papilio paris*）♂

习　　性	常沿林缘树冠快速飞行，很少停息，警觉性高	
寄　　主	飞龙掌血、柑橘、吴茱萸、三桠苦等	
中国分布	华南、西南、华东、华中地区	中大型
拍摄信息	2016年11月7日，海南什寒	

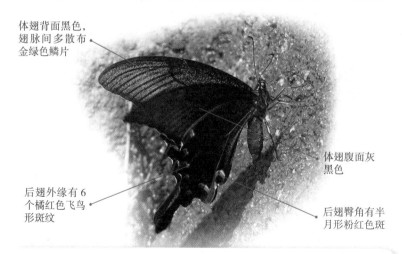

体翅背面黑色，翅脉间多散布金绿色鳞片

体翅腹面灰黑色

后翅外缘有6个橘红色飞鸟形斑纹

后翅臀角有半月形粉红色斑

绿带翠凤蝶（*Papilio maackii*）♂，夏型

习　　性	常在林地高处飞行，喜食溪水及动物粪便	
寄　　主	柑橘、黄檗、花椒等	
中国分布	华东、华中、西南、华北、东北地区	大型
拍摄信息	2004年7月12日，浙江临安柳溪江	

翅面浅外缘有黑色宽带，内有月形斑

翅面浅黄色

臀角有 1 个带黑点的橙色圆斑

柑橘凤蝶（*Papilio xuthus*）♀，春型

习　　性	喜访花，常在林缘阳光下飞行，下午较活跃
寄　　主	黄檗、花椒、柑橘、吴茱萸等芸香科植物
中国分布	全国各地区
拍摄信息	2014 年 4 月 7 日，江苏镇江宝华山

中大型

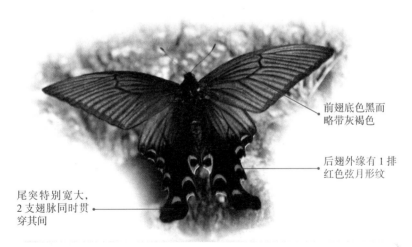

前翅底色黑而略带灰褐色

后翅外缘有 1 排红色弦月形纹

尾突特别宽大，2 支翅脉同时贯穿其间

宽尾凤蝶（*Papilio elwesi*）♂，非白斑型

习　　性	飞行平稳，气势十足，常在溪边吸水
寄　　主	鹅掌楸、檫树、厚朴、深山含笑等
中国分布	华南、华东、华中地区
拍摄信息	2015 年 7 月 19 日，浙江乌岩岭

大型

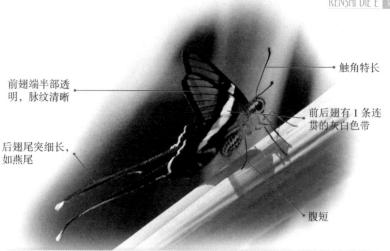

前翅端半部透明，脉纹清晰

触角特长

前后翅有 1 条连贯的灰白色带

后翅尾突细长，如燕尾

腹短

绿带燕凤蝶（*Lamproptera meges*）♂

习　　　性	飞行迅速，喜欢在水潭湿地集体吸水
寄　　　主	青藤等
中国分布	华南、西南、华东地区
拍摄信息	2015 年 10 月 3 日，海南霸王岭

小型

前后翅面有 1 列青蓝色宽带斑纹

后翅腹面有数个红色斑

后翅无尾突，外缘有 4 个新月形斑纹

青凤蝶（*Graphium sarpedon*）♂，夏型

习　　　性	喜访花，飞行力强，常在城区街道开阔地带活动
寄　　　主	樟树、沉水樟、大叶楠、山胡椒、番荔枝等
中国分布	华南、西南、华东、华中地区
拍摄信息	2014 年 8 月 20 日，上海青浦大千庄园

中型

后翅外缘有 1 列
青绿色斑

翅黑褐色，前
后翅有 1 列青
绿色斑组成的
横带

后翅外缘波状，
有修长的尾突

宽带青凤蝶（*Graphium cloanthus*）♂

习　　性	常在林缘活动，飞行迅速，喜在溪边吸水	
寄　　主	樟树、华润楠等	
中国分布	华南、西南、华东、华中、西北、华北地区	**中大型**
拍摄信息	2015 年 7 月 19 日，浙江乌岩岭	

前翅黄白色，
有 7 条黑褐色
横带

后翅基部黄绿
色，内有 3 条
黑褐色带

后翅尾突细长

绿凤蝶（*Pathysa antiphates*）♂

习　　性	飞行迅速，喜在潮湿丛林的溪边吸水	
寄　　主	假鹰爪、大花紫玉盘、黄兰等	
中国分布	华南、华东、西南地区	**中型**
拍摄信息	2006 年 8 月 10 日，海南五指山	

翅面布满黑褐色斑纹

后翅具红色斑

后翅尾突细长

丝带凤蝶（ *Sericinus montelus* ）♀，夏型

习　　性	喜光，常在坡地和林缘缓慢滑翔飞行	
寄　　主	马兜铃、蝙蝠葛等	
中国分布	华东、华中、华北、西南、西北、东北地区	中型
拍摄信息	2015 年 9 月 4 日，江苏洞庭西山	

身体密被茸毛

翅黑色，布满黄色斑纹

后翅红斑连成带状

前翅灰褐色

中华虎凤蝶（ *Luehdorfia chinensis* ）♀

习　　性	喜欢在向阳灌木林缘活动，飞行能力弱，活动地域狭小	
寄　　主	杜衡、细辛等	
中国分布	华东、华中地区	小中型
拍摄信息	2015 年 3 月 12 日，江苏镇江宝华山	

绢蝶科 Parnassiidae

绢蝶头小体中型，触角短直被密鳞。
雌蝶交尾留臀袋，四翅呈现半透明。

前翅中部近前缘有 2 个黑斑，外围有 3 个红心黑斑

整翅黄白色

后翅中部有 2 个红斑，镶黑边

小红珠绢蝶（*Parnassius nomion*）♀，华北亚种

习　　性	在海拔 1 500 米以上的高山草甸活动
寄　　主	景天科植物
中国分布	西南、西北、华北、东北地区
拍摄信息	2015 年 8 月 11 日，内蒙古额尔古纳

中型

前翅中部近前缘有灰色斑

胸侧密被黄色茸毛

整翅黄白色，翅脉灰褐色

后翅内缘有长形的灰黑斑

冰清绢蝶（*Parnassius glacialis*）♂

习　　性	在低海拔到高海拔的山林中，善滑翔飞行
寄　　主	紫堇、延胡索
中国分布	西南、华东、华北、西北、东北地区
拍摄信息	2015 年 4 月 26 日，浙江神龙川

中型

粉蝶科 Pieridae

前翅三角后翅圆，后翅臀脉有两支。
香鳞着生位不一，前足正常爪分叉。

前翅顶角黑色，
内有大块橙色斑

整翅白色

后翅外缘有黑
色箭头纹

胸腹部灰白色

鹤顶粉蝶（*Hebomoia glaucippe*）♂

习　　性	喜访花，常在树冠周围活动，飞行迅速
寄　　主	槌果藤、鱼木等
中国分布	华南、西南、华东地区
拍摄信息	2015 年 10 月 3 日，海南霸王岭

中大型

前翅中部有 1
个褐色圈斑

整翅黄色

后翅中部有 2
个褐色圈斑

迁粉蝶（*Catopsilia pomona*）♀，黄色型

习　　性	飞行快速，忽上忽下，喜在溪边集群吸水
寄　　主	铁刀木、腊肠树、黄槐等
中国分布	华南、西南、华东、华中地区
拍摄信息	2015 年 10 月 5 日，海南儋州

小中型

整翅黄色

前翅近前缘有
1 个黑色斑

后翅中部有 1 个
银色斑

后翅外缘有数
个灰色斑

东亚豆粉蝶（*Colias poliographus*）♂

习　　性	喜访花吸蜜	
寄　　主	大豆、苜蓿、蚕豆、百脉根等	
中国分布	西南、华东、华中、华北、西北、东北地区	**小中型**
拍摄信息	2015 年 8 月 9 日，黑龙江扎龙湿地	

整翅黄色

翅腹面散生
褐色小斑点

前翅背面顶角
至后角有黑色
宽带

宽边黄粉蝶（*Eurema hecabe*）♀，夏型

习　　性	飞行缓慢，常在山林低矮的开阔地吸蜜	
寄　　主	银合欢、雀梅藤、黄槐、黑荆树等	
中国分布	华南、西南、华东、华中、华北、东北地区	**小中型**
拍摄信息	2015 年 7 月 22 日，浙江宁海	

前翅顶角尖突

整翅黄绿色

前后翅中部各有 1 个橙褐色小斑

钩粉蝶（*Gonepteryx rhamni*）♀

习　　性	常在山林开阔地活动，中午活跃
寄　　主	鼠李
中国分布	华南、西南、华东、华中、华北、东北地区
拍摄信息	2015 年 8 月 11 日，内蒙古额尔古纳

中型

后翅腹面基部红色

前翅黑褐色，中外缘有白色条状斑

后翅腹面有大块黄色斑

报喜斑粉蝶（*Delias pasithoe*）♂

习　　性	喜吸蜜，善冬季阳光下活动
寄　　主	檀香、乌檀、桑寄生等
中国分布	华南、西南、华东地区
拍摄信息	2014 年 1 月 20 日，广东珠海荷包岛

中型

整翅白色

前后翅外缘具
黑色斑

后翅腹面基部
具黄斑

利比尖粉蝶（*Appias libythea*）♂

习　　性	喜食花蜜
寄　　主	青皮刺、鱼木等
中国分布	华南、西南、华东、华中、华北、东北地区
拍摄信息	2015 年 10 月 5 日，海南儋州

小中型

整翅橙红色，外
缘有褐色斑纹

头胸部密被茸毛

前翅顶角尖突

红翅尖粉蝶（*Appias nero*）♂

习　　性	常在林地活动，飞行迅速
寄　　主	十字花科植物
中国分布	华南、西南地区
拍摄信息	2015 年 11 月 10 日，海南霸王岭

中型

前翅腹面黑色
比背面明显，
有白斑

后翅腹面有
形状不一的
黄色斑

锯粉蝶（*Prioneris thestylis*）♂

习　　性	飞行快速，喜欢在山地林边吸水
寄　　主	十字花科植物
中国分布	华南、西南、华东地区
拍摄信息	2015 年 10 月 3 日，海南霸王岭

中大型

前翅顶角
有灰色斑

后翅腹面前缘
基部有黄斑

前翅中部近外缘
有 2 个黑色斑

菜粉蝶（*Pieris rapae*）♂

习　　性	最常见蝶种，飞行缓慢，在田野到处停留
寄　　主	十字花科植物
中国分布	全国各地区
拍摄信息	2016 年 4 月 4 日，上海浦东

小中型

整翅黄白色

翅脉黑褐色，
纹路清晰可见

前翅外侧有
1 个黑斑

黑纹粉蝶（*Pieris melete*）♀

习　　性	飞行缓慢，喜山地开阔地带活动
寄　　主	十字花科植物
中国分布	华南、西南、华东、华中、华北、东北地区
拍摄信息	2014 年 7 月 14 日，浙江神龙川

小中型

前翅近前缘有
1 个大黑斑

前后翅有明显
的暗绿色斑纹

云粉蝶（*Pontia daplidice*）♂

习　　性	喜在山林坡地访花
寄　　主	十字花科植物
中国分布	华南、西南、华东、华中、华北、西北、东北地区
拍摄信息	2014 年 8 月 14 日，甘肃天水

小中型

整翅白色，前
翅顶角圆钝

前翅顶角
有 1 个圆
形黑斑

身体细长

突角小粉蝶（*Leptidea amurensis*）♂

习　　性	喜在阳光下活动
寄　　主	碎米荠
中国分布	华北、西北、东北地区
拍摄信息	2015 年 8 月 13 日，内蒙古大兴安岭

小型

前翅顶角有
1 列点斑

前翅端半部
透明，脉纹
清晰

翅面有长条形
青色斑

青粉蝶（*Pareronia anais*）♂

习　　性	喜光，访花
寄　　主	山柑
中国分布	华南地区
拍摄信息	2015 年 10 月 4 日，海南儋州

中型

翅基黑色

前翅顶角圆钝

雄蝶前翅橙红色，中部有1个黑斑

后翅外缘有褐色云状斑

橙翅襟粉蝶（*Anthocharis bambusarum*）♂

习　　性	喜欢在诸葛菜花丛中吸蜜	
寄　　主	芥菜等	
中国分布	华东、华中、西北地区	**小型**
拍摄信息	2016 年 4 月 10 日，江苏镇江宝华山	

前翅顶角钩状，雄蝶有橙色斑

前翅中部有1个椭圆黑斑

后翅腹面具绿褐色云状斑

黄尖襟粉蝶（*Anthocharis scolymus*）♂

习　　性	早春常见在油菜田里活动	
寄　　主	油菜、芥菜、荠菜、碎米荠、诸葛菜等	
中国分布	西南、华东、华中、华北、西北、东北地区	**小型**
拍摄信息	2016 年 4 月 4 日，上海浦东	

后翅腹面
布满黄绿
色细纹

前翅圆钝，顶
角黑色

复眼淡绿色

纤粉蝶（*Leptosia nina*）♂

习　　性	飞行缓慢，喜食花蜜和动物粪便
寄　　主	鱼木、山柑等
中国分布	华南、华东地区
拍摄信息	2015 年 10 月 3 日，海南霸王岭

小型

斑蝶科 Danaidae

身躯大中有斑点，翅坚头大复眼突。
前翅臀脉基分叉，翅缘波浪或光圈。

胸侧有白点

前翅黑褐色，
翅脉间有半透
明蓝灰色斑纹

后翅棕红色，外
缘有 2 列白斑

大绢斑蝶（*Parantica sita*）♂

习　　性	飞行缓慢，常在林缘活动，喜集群过冬
寄　　主	牛皮消、娃儿藤等
中国分布	华南、西南、华东、华中地区
拍摄信息	2014 年 5 月 25 日，海南霸王岭

大型

整翅橘红色，翅脉、翅缘褐色

前翅顶角处有数个大白斑

前后翅外缘有1列排列不规则的小白斑

虎斑蝶（*Danaus genutia*）♀

习　　性	飞行缓慢，喜在林缘和开阔地活动
寄　　主	马利筋、牛皮消、尖槐藤、天星藤等萝藦科植物
中国分布	华南、西南、华东、华中地区
拍摄信息	2013 年 6 月 25 日，广东珠海荷包岛

中大型

前翅端部有蓝紫色闪光和白色斑纹

雄蝶后翅棕褐色

异型紫斑蝶（*Euploea mulciber*）♂

习　　性	飞行缓慢，喜集群过冬
寄　　主	垂叶榕、夹竹桃、弓果藤、白鹤藤等
中国分布	华南、西南、华东地区
拍摄信息	2014 年 10 月 5 日，广东珠海

中大型

后翅围绕中央
有 3 个黑点

前翅顶部黑褐色

前翅有 1 列大
白斑

翅面呈
黄褐色

金斑蝶（*Danaus chrysippus*）♀

习　　性	飞行缓慢，喜在灌木林缘和草地活动
寄　　主	马利筋、钉头果、牛皮消、牛奶菜等萝藦科植物
中国分布	华南、西南、华东、华中地区
拍摄信息	2013 年 8 月 14 日，广西大瑶山

中型

胸侧有白点

后翅腹面有 1 个
耳状突（性标）

整翅黑褐色，
翅脉间有淡蓝
色斑纹

啬青斑蝶（*Tirumala septentrionis*）♂

习　　性	飞行缓慢，喜在低矮草花上吸蜜
寄　　主	台湾醉魂藤、同心结、木防己等
中国分布	华南、西南、华东地区
拍摄信息	2015 年 10 月 5 日，海南儋州

大型

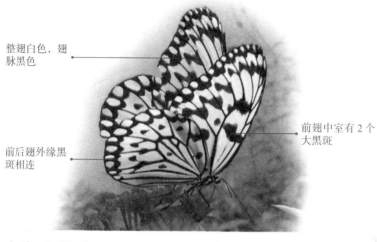

整翅白色，翅脉黑色

前翅中室有 2 个大黑斑

前后翅外缘黑斑相连

大帛斑蝶（*Ldea leuconoe*）♂

习　　性	飞行缓慢，常在空中乘气流滑翔、旋转
寄　　主	同心结等
中国分布	华东地区
拍摄信息	2006 年 8 月 12 日，福建厦门蝶园

大型

环蝶科 Amathusiidae

大中体型头常小，翅里翅面斑纹异。翅色棕褐和黑黄，后翅臀区色腹旁。

前翅腹面近前缘有 1 个黑色"S"纹

整翅橙黄色，腹面前后翅中部有 2 条黑色波纹

前后翅各有 5 个眼斑

箭环蝶（*Stichophthalma howqua*）♂

习　　性	常在树阴、竹林中穿梭飞行，喜集群活动
寄　　主	桂竹、毛竹、淡竹、油芒、山棕等
中国分布	华南、西南、华东、华中地区
拍摄信息	2015 年 6 月 20 日，浙江东天目山

大型

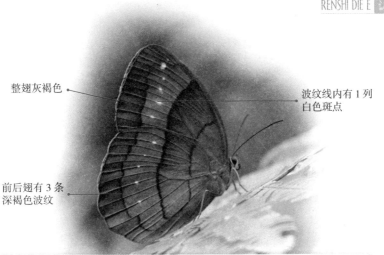

整翅灰褐色

波纹线内有 1 列
白色斑点

前后翅有 3 条
深褐色波纹

灰翅串珠环蝶（*Faunis aerope*）♀

习　　性	林阴处活动，喜吸树汁
寄　　主	菝葜、芭蕉、露兜树、棕榈等
中国分布	华南、西南、华东、华中、西北地区
拍摄信息	2015 年 7 月 20 日，浙江乌岩岭

中大型

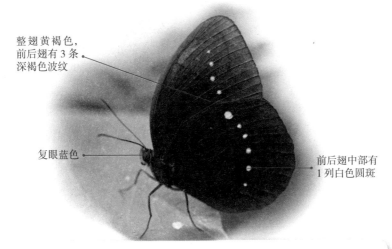

整翅黄褐色，
前后翅有 3 条
深褐色波纹

复眼蓝色

前后翅中部有
1 列白色圆斑

串珠环蝶（*Faunis eumeus*）♂

习　　性	常在阴暗的林间活动，喜食腐烂水果汁液
寄　　主	菝葜、刺葵、山棕、麦冬等
中国分布	华南、西南、华东、华中地区
拍摄信息	2015 年 5 月 18 日，海南尖峰岭

中型

眼蝶科 Satyridae

复眼四周被长毛，直长侧扁下唇须。
前翅脉纹基膨大，翅里翅面有眼纹。

整翅棕褐色，前
翅顶角灰白色

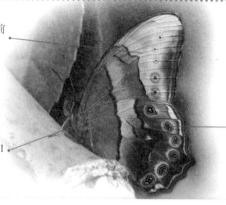

后翅腹面有
6 个眼斑

前后翅中部有 1
条深棕色线纹

曲纹黛眼蝶（*Lethe chandica*）♂

习　　性	常在林阴或竹林活动，吸食腐烂果汁	
寄　　主	绿竹、桂竹、台风草等	
中国分布	华南、西南、华东、华中地区	中型
拍摄信息	2015 年 9 月 3 日，浙江临安太湖源	

整翅黑褐色，
腹面中部有 1
条白色横带

前后翅近外缘
共有 5 个大小
不一的眼斑

翅外缘有 2 条
褐色波纹线

奥眼蝶（*Orsotriaena medus*）♂

习　　性	飞行能力较弱，常停息	
寄　　主	水稻、甘蔗	
中国分布	华南、西南地区	小中型
拍摄信息	2015 年 10 月 3 日，海南霸王岭	

整翅褐色，腹面似枯叶，前翅顶角外突成钩状

前翅顶角处有2个白色圆斑

后翅外缘角状突出

后翅腹面有6个眼斑

睇暮眼蝶（*Melanitis phedima*）♀

习　　性	常在竹林或树林间活动，喜食腐烂水果或树汁
寄　　主	白茅、刚莠竹、柳叶箬等
中国分布	华南、西南、华东地区
拍摄信息	2015 年 6 月 15 日，广东珠海草堂山

中型

整翅黑褐色，前翅外缘有大块橙黄色斑

前翅橙黄色斑内有 3 个黑斑

后翅橙色斑内近外缘有 3 个黑色眼斑

暗红眼蝶（*Erebia neriene*）♀

习　　性	飞行缓慢，常于林缘活动
寄　　主	不详
中国分布	华北、东北、西北地区
拍摄信息	2015 年 8 月 14 日，黑龙江漠河

小中型

前翅中部近前
缘具深褐色斑

整翅黄褐色，后
翅腹面基部有
2～3 个小圆斑

后翅腹面有
8 个眼斑

布莱荫眼蝶（*Neope bremeri*）♂，春型

习　　性	常停息于树干，喜食树汁或动物粪便
寄　　主	芒草、竹
中国分布	华南、西南、华东、华中、华北、东北地区
拍摄信息	2016 年 4 月 30 日，浙江神龙川

小中型

整翅黑褐色，
前翅中部有 3
个大白斑

前翅中室内有
1 个白斑

白斑眼蝶（*Penthema adelma*）♂

习　　性	常在山地溪边活动，喜食腐烂水果
寄　　主	毛竹、石竹、孝顺竹等
中国分布	华南、西南、华东、华中、西北地区
拍摄信息	2015 年 6 月 20 日，浙江东天目山

中大型

前翅具 3 个眼斑

翅棕褐色，前翅中部有宽阔的斜白带

后翅有 6 个外缘镶白边的眼斑

白带黛眼蝶（*Lethe confusa*）♂

习　　性	多于林阴活动，喜食腐液
寄　　主	桂竹等
中国分布	华南、西南、华东、华中地区
拍摄信息	2013 年 8 月 9 日，云南罗平

小中型

前翅腹面黄褐色

前翅近外缘有 4 ~ 5 个眼斑

后翅腹面灰褐色

后翅近外缘有 6 个眼斑

牧女珍眼蝶（*Coenonympha amaryllis*）♂

习　　性	常见于灌丛、草原，低空飞行
寄　　主	禾本科植物
中国分布	华东、华北、西北、东北地区
拍摄信息	2015 年 8 月 10 日，内蒙古海拉尔

小型

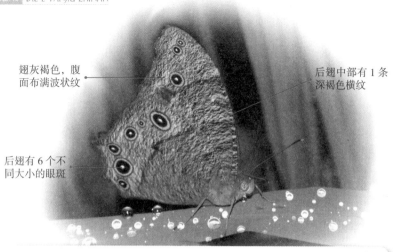

翅灰褐色，腹面布满波状纹

后翅中部有 1 条深褐色横纹

后翅有 6 个不同大小的眼斑

暮眼蝶（*Melanitis leda*）♂，适季型

习　　性	多于林间活动，喜食腐烂水果和树汁
寄　　主	玉米、水稻、甘蔗、栗、芒草等
中国分布	华南、西南、华东、华中、西北地区
拍摄信息	2013 年 8 月 6 日，云南坝美

中型

前翅有 1 个大瞳状眼斑

整翅黄褐色，中带白色

后翅有 6~7 个瞳状眼斑

稻眉眼蝶（*Mycalesis gotama*）♂

习　　性	跳跃式缓慢飞行，常在灌木林间活动
寄　　主	水稻等
中国分布	华南、西南、华东、华中地区
拍摄信息	2015 年 5 月 3 日，上海浦东

小中型

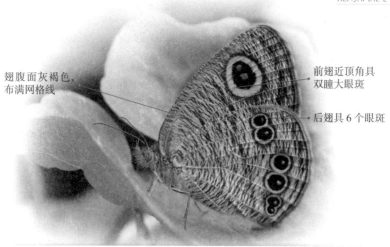

翅腹面灰褐色,
布满网格线

前翅近顶角具
双瞳大眼斑

后翅具 6 个眼斑

矍眼蝶(*Ypthima baldus*)♀

习 性	短距离近地面飞行
寄 主	早熟禾、金丝草、刚莠竹等
中国分布	华南、西南、华东、华中、西北地区
拍摄信息	2014 年 10 月 7 日,广东珠海荷包岛

小中型

整翅黑褐色,
外形圆润

前翅顶角有鲜
艳的橙色斑,
内含黑色眼斑

后翅臀角有
1 个小眼斑

多型艳眼蝶(*Callerebia polyphemus*)♂

习 性	飞行缓慢,多见于开阔林地或岩壁
寄 主	不详
中国分布	西南、华东、华中地区
拍摄信息	2013 年 8 月 9 日,云南陆良彩色沙林

中型

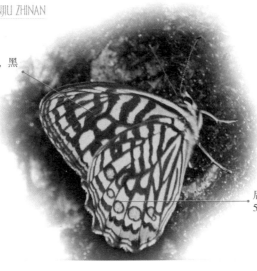

翅面黄色，黑色带较宽

后翅外缘有5个黑色圈

网眼蝶（*Rhaphicera dumicola*）♂

习　　性	飞行缓慢，多见于林区路边
寄　　主	不详
中国分布	西南、华东、华中地区
拍摄信息	2011 年 8 月 9 日，湖北五峰柴埠溪

小中型

后翅近外缘有7个眼斑

整翅灰褐色，腹面中间有 1 条白色条带

前翅中部近前缘内有 4 个相连的小圆斑

前翅近外缘有4 个不同大小的眼斑

蒙链荫眼蝶（*Neope muirheadi*）♀

习　　性	飞行缓慢，喜食腐烂水果、树汁
寄　　主	竹
中国分布	华南、西南、华东、华中、西北、华北地区
拍摄信息	2015 年 8 月 23 日，江苏溧阳南山竹海

中型

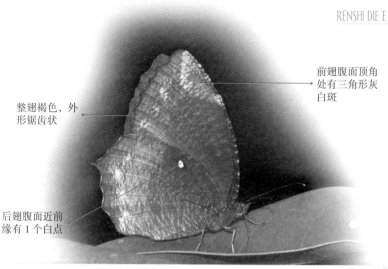

前翅腹面顶角
处有三角形灰
白斑

整翅褐色，外
形锯齿状

后翅腹面近前
缘有 1 个白点

翠袖锯眼蝶（*Elymnias hypermnestra*）♂

习　　性	飞行活跃，常在开阔林地吸食腐烂水果	
寄　　主	槟榔、山棕、蒲葵等	
中国分布	华南、华中地区	中型
拍摄信息	2010 年 6 月 23 日，广东鼎湖山	

蛱蝶科 Mymphalidae

体型大中前足退，复眼突出短毛被。
触角锤节似球形，翅形色纹悬殊异。

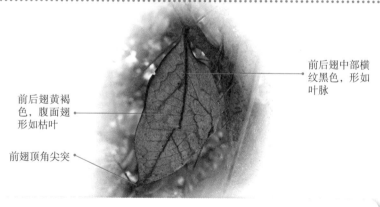

前后翅中部横
纹黑色，形如
叶脉

前后翅黄褐
色，腹面翅
形如枯叶

前翅顶角尖突

枯叶蛱蝶（*Kallima inachus*）♂

习　　性	多停息于树干或落叶的地面，高度拟态，喜食树汁	
寄　　主	马蓝、爵床、山药等	
中国分布	华南、西南、华东、华中地区	中型
拍摄信息	2006 年 8 月 12 日，福建厦门	

翅外缘呈
锯齿状

翅背面红褐
色，前翅顶
角有白点

腹面深红褐色，
暗如枯叶。翅
面有 5 条波形
横纹

波蛱蝶（*Ariadne ariadne*）♀

习　　性	飞行缓慢，反应敏捷，常在空旷野地活动，喜访花
寄　　主	蓖麻
中国分布	华南、西南地区
拍摄信息	2015 年 10 月 5 日，海南海口石山火山群国家地质公园

小中型

腹面翅面
红褐色

腹面前翅顶角
和中部有 2 个
白斑，后翅白
斑横跨前后

后翅外缘白色，
中有黑色波线

金斑蛱蝶（*Hypolimnas missipus*）♂

习　　性	飞行快速，常在山林开阔地活动，喜访花
寄　　主	马齿苋等
中国分布	华南、西南、华东、西北地区
拍摄信息	2015 年 10 月 5 日，海南海口石山火山群国家地质公园

中型

翅面布满黑色纵横线

背面翅面黄白色，有黄褐色斑纹

外缘缺刻状

网丝蛱蝶（*Cyrestis thyodamas*）♂

习　性	飞行缓慢，常在山地溪边活动，喜访花及食腐烂水果
寄　主	无花果
中国分布	华南、西南、华东地区
拍摄信息	2014 年 5 月 27 日，海南陵水吊罗山

中型

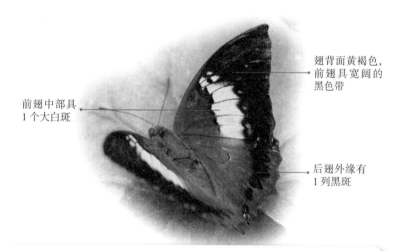

翅背面黄褐色，前翅具宽阔的黑色带

前翅中部具1 个大白斑

后翅外缘有1 列黑斑

白带螯蛱蝶（*Charaxes bernardus*）♂

习　性	飞行极快，常在树冠停息，喜食树汁
寄　主	樟树
中国分布	华南、西南、华东、华中地区
拍摄信息	2015 年 8 月 23 日，江苏溧阳南山竹海

中大型

整翅橘黄色，
前翅前缘黑
色，近基部有
2 条黑色细纹

前翅中后部有
1 个黑色眼斑

后翅有 1 个红
紫色大眼斑

美眼蛱蝶（*Junonia almana*）♂，夏型

习　性	飞行敏捷，常在丘陵地带活动，喜访花和食腐烂水果
寄　主	空心莲子草、水丁黄等
中国分布	华南、西南、华东、华中、华北、西北地区　　　　　中型
拍摄信息	2015 年 9 月 3 日，浙江临安太湖源

整翅橘黄色，
前翅近前缘有
3 条横线

前后翅外缘
有 2 条黑色
波纹线

后翅外缘内侧
有 2 个眼斑

文蛱蝶（*Vindula erota*）♂

习　性	常在热带林区路边活动，喜食发酵食物
寄　主	珠龙果、蒴莲等
中国分布	华南、西南地区　　　　　中大型
拍摄信息	2007 年 8 月 10 日，云南西双版纳

翅背面
橙黄色

前翅中室
有 4 条黑
色曲线

前后翅腹
面有多个
银白斑

灿福蛱蝶（*Fabriciana adippe*）左♂右♀

习　　性	常在草地花丛活动，喜食花蜜	
寄　　主	堇菜	
中国分布	西南、华东、华中、华北、西北、东北地区	中型
拍摄信息	2014 年 8 月 11 日，青海黄南麦秀	

整翅橘黄色，
中部近后缘有
1 个圆形黑斑

后翅腹面中部
有 2 个小黑点

复眼、口器
为黄色

黄帅蛱蝶（*Sephisa princeps*）♂

习　　性	飞行快速敏捷，常在林缘活动，喜食树汁	
寄　　主	麻栎	
中国分布	华南、西南、华东、华中、东北地区	中型
拍摄信息	2013 年 7 月 4 日，浙江清凉峰	

前翅具 4 条
加粗的黑脉

背面翅面橙
黄色，外缘
有 2 列黑斑

绿豹蛱蝶（*Argynnis paphia*）♂

习　　性	飞行快速，常在草地花丛活动，喜食花蜜
寄　　主	堇菜
中国分布	西南、华东、华中、华北、西北、东北地区
拍摄信息	2014 年 8 月 15 日，陕西太白山

中型

整翅背面墨绿
色，前翅顶角
有 2 个白斑

后翅中部白斑
排列如帆形

前翅近前缘有
黑线纹

华东翠蛱蝶（*Euthalia rickettsi*）♀

习　　性	飞行快速敏捷，喜食树汁
寄　　主	朴树
中国分布	华南、西南、华东、华中地区
拍摄信息	2014 年 7 月 14 日，浙江神龙川

中大型

背面整翅黑褐色，中部近前缘箭形纹断开

中胸背部绿色

后翅近外缘有1列方形白斑

中环蛱蝶（*Neptis hylas*）♂

习　　性	飞行缓慢，常在山地活动，喜食发酵果汁
寄　　主	油麻藤、椴树、梧桐等
中国分布	华南、西南、华东、华中、西北地区
拍摄信息	2015 年 9 月 3 日，浙江临安太湖源

中型

整翅黄褐色，外缘锯齿状

前翅顶角处有1个白斑

身体密被茸毛

白矩朱蛱蝶（*Nymphalis vau-album*）♂

习　　性	飞行敏捷，喜食花蜜、树汁、腐烂水果
寄　　主	桦、榆
中国分布	西南、华北、东北、西北地区
拍摄信息	2015 年 8 月 20 日，黑龙江五营国家森林公园

中型

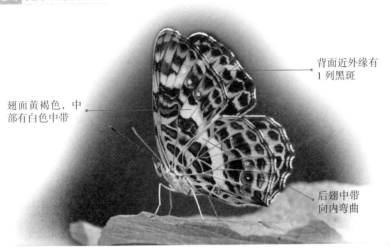

背面近外缘有
1 列黑斑

翅面黄褐色，中
部有白色中带

后翅中带
向内弯曲

曲纹蜘蛱蝶（*Araschnia doris*）♀，夏型

习　　性	常在山地林缘缓慢飞行，喜食花蜜
寄　　主	苎麻
中国分布	华东、华南、西南地区
拍摄信息	2014 年 7 月 3 日，浙江神龙川

小中型

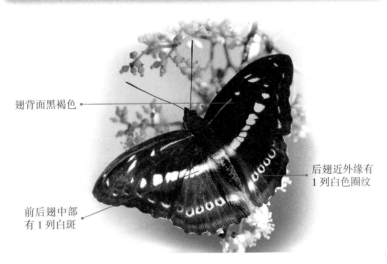

翅背面黑褐色

后翅近外缘有
1 列白色圈纹

前后翅中部
有 1 列白斑

珠履带蛱蝶（*Athyma asura*）♂

习　　性	飞行缓慢，常见于溪边，喜食发酵果汁和花蜜
寄　　主	小果冬青、香楠
中国分布	华南、西南、华东地区
拍摄信息	2014 年 7 月 14 日，浙江神龙川

中型

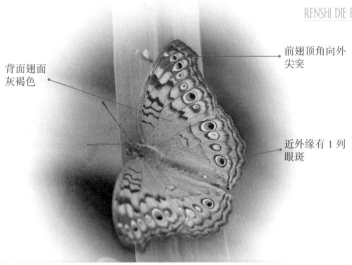

前翅顶角向外
尖突

背面翅面
灰褐色

近外缘有 1 列
眼斑

波纹眼蛱蝶（*Junonia atlites*）♂

习　　性	飞行敏捷，常在草地花丛活动，喜食腐烂水果	
寄　　主	空心莲子草等	
中国分布	华南、西南地区	中型
拍摄信息	2015 年 10 月 5 日，海南儋州热带植物园	

整翅黄褐色，
后翅臀角处有
1 个眼斑

后翅腹面有
1 列白斑

前翅中部有 1 个
圆形黑斑

武铠蛱蝶（*Chitoria ulupi*）♂

习　　性	飞行快速敏捷，喜食树汁	
寄　　主	朴树	
中国分布	华南、西南、华东、华中地区	中型
拍摄信息	2014 年 7 月 3 日，浙江神龙川	

翅面黑色，翅脉间布满青色斑纹

后翅臀角处有 4～5 个红斑

口器黄色

黑脉蛱蝶（*Hestina assimilis*）♀，普通型

习　　性	飞行迅速，反应敏捷，喜食树汁和果汁	
寄　　主	朴树、山麻黄等	
中国分布	华南、西南、华东、华中、华北、东北地区	中型
拍摄信息	2015 年 5 月 1 日，上海浦东	

前翅基部深蓝色，有黑绒光泽

后翅翠蓝色

后翅外缘有 2 个橘色眼斑

翠蓝眼蛱蝶（*Junonia orithya*）♂，秋型

习　　性	飞行敏捷，喜访花或吸食腐烂果汁	
寄　　主	爵床、水蓑衣属	
中国分布	华南、西南、华东、华中、西北地区	小中型
拍摄信息	2015 年 10 月 5 日，海南儋州	

前翅顶角黑色，内有白色宽带

前翅基部橘红色

后翅腹面有黄褐色斑纹

斐豹蛱蝶（*Argyreus hyperbius*）♀

习　　性	反应敏捷，常在花丛吸蜜
寄　　主	堇菜
中国分布	全国各地区
拍摄信息	2015 年 7 月 22 日，浙江宁海

中大型

前翅顶角有形如孔雀纹的鲜艳眼斑

整翅背面朱红色，外缘褐色

身体密被茸毛

后翅有 1 个大眼斑

孔雀蛱蝶（*Lnachis io*）♀

习　　性	喜访花，拟态能力强
寄　　主	荨麻、蛇麻等
中国分布	华北、西北、东北地区
拍摄信息	2015 年 8 月 13 日，内蒙古根河

小中型

翅面黑褐色，
近基部具有蓝
紫色光泽

在蓝紫色光泽
区内散布形状
各异的白斑

后翅臀角处有
1个玫红色斑

大紫蛱蝶（*Sasakia charonda*）♂

习　　性	善高空滑翔，常栖息于高大的树干上吸食发酵树汁	
寄　　主	朴树	
中国分布	东北、华北、华中、华东地区	中大型
拍摄信息	2014 年 7 月 14 日，浙江神龙川	

翅背面蓝黑
色，外缘有
亮蓝色带

后翅色带内有
1 列小黑点

背面翅基部密
生茸毛

琉璃蛱蝶（*Kaniska canace*）♂

习　　性	反应敏捷，喜食发酵树汁、水果和动物粪便	
寄　　主	菝葜	
中国分布	全国各地区	中型
拍摄信息	2015 年 7 月 22 日，浙江宁海	

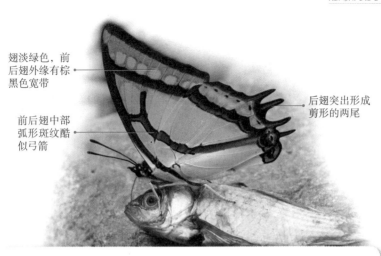

翅淡绿色，前后翅外缘有棕黑色宽带

前后翅中部弧形斑纹酷似弓箭

后翅突出形成剪形的两尾

二尾蛱蝶（*Polyura narcaea*）♂

习　　性	沿溪飞行极快，在高大的树冠停息，喜食动物粪便
寄　　主	山黄麻、山合欢等
中国分布	华南、西南、华东、华中、华北、西北地区
拍摄信息	2016 年 7 月 14 日，浙江浙西大峡谷

中型

整翅黑褐色，前翅顶角有 1 个小白斑

前翅中室外有 1 个肾形白斑

后翅中部有 1 个闪紫的大白斑

幻紫斑蛱蝶（*Hypolimnas bolina*）♂

习　　性	飞行快速，喜访花或吸食溪水
寄　　主	甘薯、马齿苋、山壳骨等
中国分布	华南、西南、华东地区
拍摄信息	2015 年 10 月 5 日，海南儋州

中型

整翅黄褐色，前翅有多个黑斑

后翅中部黑斑内有灰白鳞片

翅缘呈明显缺刻状

黄钩蛱蝶（*Polygonia c-aureum*）♂，秋型

习　　性	以成虫越冬，喜食树汁和花蜜
寄　　主	葎草
中国分布	全国各地区
拍摄信息	2013 年 10 月 12 日，上海浦东

小中型

整翅橘黄色，翅脉间有各种黑斑

身体密生茸毛

触角黑白交替

西冷珍蛱蝶（*Clossiana selenis*）♀

习　　性	常见在林缘开阔地和草甸活动，喜访花
寄　　主	堇菜
中国分布	西北、华北、东北地区
拍摄信息	2015 年 8 月 15 日，黑龙江漠河

小型

前翅顶角黑色，
内有白斑

胸腹部密
生茸毛

后翅橙色，近
外缘有 1 列圆
形黑斑

小红蛱蝶（*Vanessa cardui*）♂

习　　性	成虫越冬，飞行能力强，喜访花
寄　　主	荨麻、水麻、牛蒡、飞廉、蓝蓟等
中国分布	全国各地区
拍摄信息	2015 年 8 月 21 日，黑龙江哈尔滨

小中型

珍蝶科 Acraeidae

体型中等前足退，胸泌黄液来避敌。
多数种类翅红色，中室多闭有细脉。

前后翅外缘褐
色，内有黄斑

头部后方有红
色鳞片

整翅橙黄色

苎麻珍蝶（*Acraea issoria*）♂

习　　性	飞行缓慢，在寄主植物附近活动，极不活跃
寄　　主	苎麻、荨麻、水麻等
中国分布	华南、西南、华东、华中、西北地区
拍摄信息	2015 年 6 月 20 日，浙江东天目山

中型

喙蝶科 Libytheidae

粗壮特长下唇须，喙端圆钝被短毛。
前翅前角如镰钩，后翅外缘锯齿形。

前翅顶角处有
2 个白斑

前翅顶角呈钩状，
外形锯齿状

下唇须向前伸出

朴喙蝶（*Libythea celtis*）♀

习　　性	常于山地路或石壁上吸食烂果和腐物
寄　　主	朴树
中国分布	全国各地区
拍摄信息	2014 年 7 月 14 日，浙江神龙川

小中型

蚬蝶科 Riodinidae

复眼突出细小头，触角细长锤节粗。
有脉发达在后翅，四翅张开似蚬形。

白点内侧有深
褐色斑纹

翅红褐色，散
布小白斑

翅缘波曲形

波蚬蝶（*Zemeros flegyas*）♀

习　　性	常在林缘活动，喜日光下访花
寄　　主	杜茎山属植物
中国分布	华南、西南、华东、华中地区
拍摄信息	2015 年 6 月 15 日，广东珠海

小型

翅面棕褐色，
前后翅中域有
1 条黄白色带

后翅前角有 3 个
黑色眼斑

蛇目褐蚬蝶（*Abisara echerius*）♀

习　　性	常在日光下停息，翅半张开，并转动身体
寄　　主	酸藤子属植物
中国分布	华南、西南、华东、华中地区
拍摄信息	2014 年 10 月 5 日，广东珠海草堂山

小型

灰蝶科 Lycaenidae

眼缘饰有白色环，触角短直基白圈。
翠蓝青橙红古铜，翅里颜色胜翅面。

雄蝶背面翅蓝
灰色，外缘灰
黑色

腹面翅灰色，
中外缘有灰黑
色斑列

酢浆灰蝶（*Pseudozizeeria maha*）♂

习　　性	常在低矮植物周围活动，喜食花蜜
寄　　主	黄花酢浆草
中国分布	华南、西南、华东、华中地区
拍摄信息	2013 年 9 月 4 日，上海浦东

小型

翅背面黑褐色，雄蝶中部有橙红色斑纹

身体硕壮

尖翅银灰蝶（*Curetis acuta*）♂，夏型

习　　性	飞行迅速，喜食腐烂果汁、动物粪便、花蜜
寄　　主	紫藤、鸡血藤等
中国分布	华南、西南、华东、华中地区
拍摄信息	2015 年 9 月 3 日，浙江临安太湖源

小型

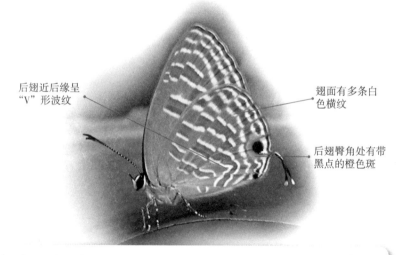

后翅近后缘呈"V"形波纹

翅面有多条白色横纹

后翅臀角处有带黑点的橙色斑

素雅灰蝶（*Jamides alecto*）♂

习　　性	常在林区开阔地活动，喜访花
寄　　主	扁豆、野葛、猪屎豆、滨豇豆等
中国分布	华南、西南、华东、华中地区
拍摄信息	2008 年 8 月 12 日，贵州梵净山

小型

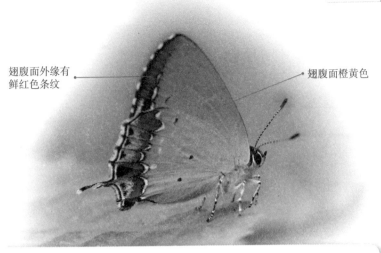

翅腹面外缘有
鲜红色条纹

翅腹面橙黄色

浓紫彩灰蝶（*Heliophorus ila*）♂

习　　性	常在山地路边活动，喜食动物粪便
寄　　主	火炭母
中国分布	华南、西南、华东、华中地区
拍摄信息	2014 年 10 月 4 日，广东连南

小型

前翅有 6 条豆
粒状斑纹

后翅臀角有橙
红色斑，内含
2 个小黑斑

后翅有 5 条豆
粒状斑纹

银线灰蝶（*Spindasis lohita*）♀

习　　性	常见于花丛中，喜访花吸蜜
寄　　主	薯蓣
中国分布	华南、华东、华中地区
拍摄信息	2006 年 8 月 15 日，福建泰宁

小型

雄蝶翅面蓝灰
色，外缘有 4
个黑斑

翅边有白色缘毛

琉璃灰蝶（*Celastrina argiola*）♂

习　　性　反应敏捷，常在草甸中活动，喜访花
寄　　主　胡枝子、鼠李、苹果、虎杖等
中国分布　西南、华东、华中、华北、西北、东北地区　　　　**小型**
拍摄信息　2015 年 8 月 29 日，浙江临安太湖源

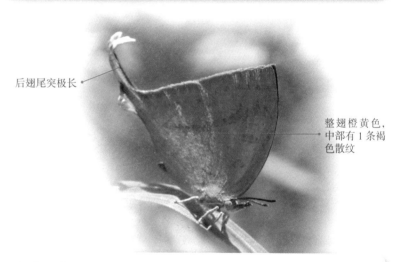

后翅尾突极长

整翅橙黄色，
中部有 1 条褐
色散纹

鹿灰蝶（*Loxura atymnus*）♂

习　　性　常于热带林缘活动
寄　　主　菝葜
中国分布　华南、西南地区　　　　**小型**
拍摄信息　2013 年 8 月 7 日，云南元阳

翅腹面白色，
散生黑斑

翅中央黑斑较
大，排成不规
则纵列

足上披满
白色茸毛

蚜灰蝶（*Taraka hamada*）♀

习　　性	飞行缓慢，喜食蚜虫蜜露
寄　　主	蚜虫
中国分布	华南、西南、华东、华中地区
拍摄信息	2015 年 6 月 21 日，浙江临安太湖源

小型

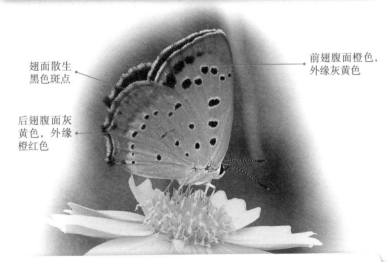

翅面散生
黑色斑点

前翅腹面橙色，
外缘灰黄色

后翅腹面灰
黄色，外缘
橙红色

红灰蝶（*Lycaena phlaeas*）♀

习　　性	以幼虫越冬，喜访花吸蜜
寄　　主	酸模、何首乌、山蓼等
中国分布	华南、西南、华东、华北、东北地区
拍摄信息	2013 年 7 月 15 日，浙江安吉中南百草园

小型

弄蝶科 Hesperiidae

体型粗短属中下，头部宽阔角基远。
触角末端弯如钩，四翅颜色多黯暗。

前翅白斑分块
排列

身体大型、
强壮、翅面
黑褐色

后翅白斑显著，
连成一体

蛱型飒弄蝶（*Satarupa nymphalis*）♀

习　性	常在林间活动，喜在地面吸水	
寄　主	吴茱萸	
中国分布	西南、华东、东北地区	**中型**
拍摄信息	2014 年 7 月 3 日，浙江神龙川	

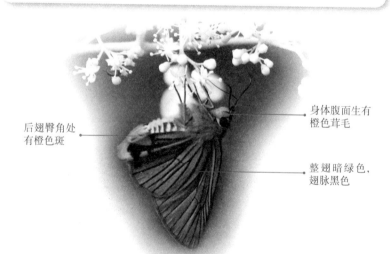

后翅臀角处
有橙色斑

身体腹面生有
橙色茸毛

整翅暗绿色，
翅脉黑色

绿弄蝶（*Choaspes benjaminii*）♀

习　性	飞行快捷，喜访花吸蜜，也吸食动物粪便	
寄　主	漆叶泡花树、樟叶泡花树、腋毛泡花树等	
中国分布	华南、西南、华东、华中、西北地区	**小中型**
拍摄信息	2014 年 7 月 11 日，浙江神龙川	

翅面白色，布
满黑色斑纹

头胸部为橙色

全翅翅脉白色

白弄蝶（*Abraximorpha davidii*）♀

习　　性	常在林间活动，喜停息在树叶背面
寄　　主	粗叶悬钩子、高粱泡
中国分布	华南、西南、华东、华中地区
拍摄信息	2014 年 7 月 10 日，浙江神龙川

小中型

前翅中部有
1 条黄白色
斜带

翅面褐色，前
翅顶角有 3 个
小白点

后翅无斑点

越南星弄蝶（*Celaenorrhinus vietnamicus*）♀

习　　性	常在林区活动，多展翅，喜访花吸蜜
寄　　主	不详
中国分布	华南、西南地区
拍摄信息	2011 年 9 月 12 日，重庆武隆天坑

小中型

头胸部发达

翅面黑褐色，
翅脉间布满橙
黄色斑

休息时前翅竖
起，如飞机状

曲纹黄室弄蝶（*Potanthus flavus*）♂

习　　性	常在林间活动，喜访花
寄　　主	不详
中国分布	华南、西南、华东、华北、东北地区
拍摄信息	2012 年 6 月 19 日，广东珠海荷包岛

小型

前翅外缘
黑色较宽

翅面橙黄
色，翅脉
黑色明显

豹弄蝶（*Thymelicus leoninus*）♂

习　　性	常在林区开阔地活动，喜访花吸蜜
寄　　主	竹
中国分布	华东、华北、西北、东北地区
拍摄信息	2014 年 7 月 3 日，浙江神龙川

小型

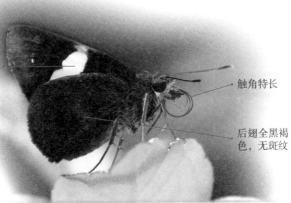

翅面黑褐色，前翅从前缘到臀角有白色宽带

触角特长

后翅全黑褐色，无斑纹

宽纹袖弄蝶（*Notocrypta feisthamelii*）♂

习　　性	常在林间活动，喜访花
寄　　主	不详
中国分布	华南、西南地区
拍摄信息	2015 年 11 月 10 日，海南海口石山火山群国家地质公园

小型

中部和外缘有2 列黄白斑

翅面褐色

峨眉酣弄蝶（*Halpe nephele*）♀

习　　性	常在林区开阔地活动，喜在地面吸水
寄　　主	竹
中国分布	华东、华南、华中、西南地区
拍摄信息	2015 年 7 月 20 日，浙江乌岩岭

小型

中国蛾类

刺蛾科 Limacodidae

前翅基部有黄褐色斑

头胸部、前翅中部翠绿色

前翅外缘部有大块淡黄色宽带

迹斑绿刺蛾（*Parasa pastoralis*）

寄　　主	鸡爪槭、紫荆、七叶树、樱花、香樟、重阳木等
中国分布	东北、华东、华南、华中、西南地区
拍摄信息	2014 年 7 月 4 日，浙江神龙川

小型

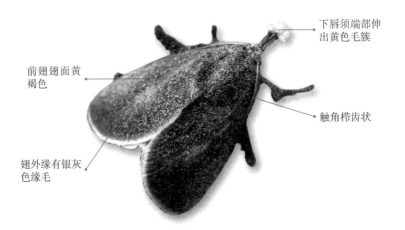

下唇须端部伸出黄色毛簇

前翅翅面黄褐色

触角栉齿状

翅外缘有银灰色缘毛

纵带球须刺蛾（*Scopelodes contracta*）

寄　　主	柿、板栗、樱花、香椿等
中国分布	华北、华中、华东、华南地区
拍摄信息	2015 年 7 月 14 日，浙江东天目山

小型

斑蛾科 Zygaenidae

前翅基部黄色

翅面乳白色，半透明

翅脉褐色，显眼

后翅有较长的尾突

华西拖尾锦斑蛾（*Elcysma delavayi*）

寄　　主	李、梅、樱桃、苹果等
中国分布	华南、西南、华东地区
拍摄信息	2015 年 9 月 14 日，浙江神龙川

中型

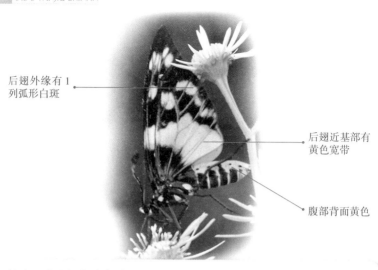

后翅外缘有 1
列弧形白斑

后翅近基部有
黄色宽带

腹部背面黄色

黄柄脉锦斑蛾（*Eterusia aedea*）

寄　　主	油茶、茶
中国分布	华中、华南、西南地区
拍摄信息	2014 年 10 月 4 日，广东连南

中型

木蠹蛾科 Cossidae

整体白色，翅面
密布黑色斑点

胸背有 6 个黑
色斑点

腹背有黑色横纹

梨豹蠹蛾（*Zeuzera coffeae*）

寄　　主	梨、核桃等
中国分布	华东、西南地区
拍摄信息	2016 年 7 月 22 日，浙江清凉峰

中型

卷蛾科 Tortricidae

前翅前缘布满成排的黄白色长条纹

触角丝状，黑色，间隔白环

前翅中央布满整齐的方形斑纹

翅中至后缘有褐色斑带

龙眼裳卷蛾（*Cerace stipatana*）

寄　　主	龙眼、荔枝、枫香、香樟、灰木莲等。	
中国分布	华南、西南、华东地区	**小型**
拍摄信息	2015 年 11 月 9 日，海南霸王岭	

网蛾科 Thyrididae

触角双栉多羽形

外形似禅

前后翅中室具透明斑

身体黑色，头胸腹有 3 条红色横带

红蝉网蛾（*Glanycus insolitus*）

寄　　主	板栗	
中国分布	华东、华南、西南地区	**小型**
拍摄信息	2015 年 7 月 9 日，浙江东天目山	

螟蛾科 Pyralidae

触角丝状

前翅基部
金黄色

前翅中部有 1 个
圆形白斑

前翅外缘有黑
白相间的条纹

黄螟（*Vitessa suradeva*）

寄　　主	不详
中国分布	华南、西南地区
拍摄信息	2016 年 11 月 6 日，海南什寒

小中型

草螟科 Crambidae

触角黄白色，
细长

前后翅大部
白色

前翅前缘黄褐色，
下连 2 ~ 3 个镶黑
边的色斑

翅中有数个灰
色弧形纹

小蜡绢须野螟（*Palpita inusitata*）

寄　　主	水蜡树
中国分布	华东、华南、西南地区
拍摄信息	2015 年 10 月 3 日，海南霸王岭

小型

整翅褐色，前翅近顶角处有1个长白斑

前翅中部有1个白色横带

翅缘有白色和褐色相间的缘毛

甜菜白带野螟（*Spoladea recurvalis*）

寄　　主	甜菜、甘蔗、苋菜、茶等
中国分布	华东、华中、华南、西南、华北、东北地区
拍摄信息	2012年6月19日，广东珠海荷包岛

小型

触角细长

翅面黑色，密布大小不一的白斑

胸腹背面有3条白色斑纹

白斑翅野螟（*Bocchoris inspersalis*）

寄　　主	不详
中国分布	华东、西南地区
拍摄信息	2015年8月23日，江苏溧阳南山竹海

小型

枯叶蛾科 Lasiocampidae

整翅绿色

停息时后翅向
前展开

前后翅各有 2
条横线纹

栗黄枯叶蛾（*Trabala vishnou*）

寄　　主	栗、核桃、苹果、山楂、石榴、柑橘、咖啡、蓖麻等
中国分布	华东、华中、西南地区
拍摄信息	2015 年 7 月 21 日，浙江乌岩岭

中型

体翅黄褐色，
前翅有 2 条浅
褐色横带

前翅横带间有
1 个白色斑点

油茶枯叶蛾（*Lebeda onbilis*）

寄　　主	油茶、杨梅、板栗、麻栎、山毛榉等
中国分布	华东、华中地区
拍摄信息	2015 年 9 月 4 日，浙江临安太湖源东坑村

中大型

带蛾科 Eupterotidae

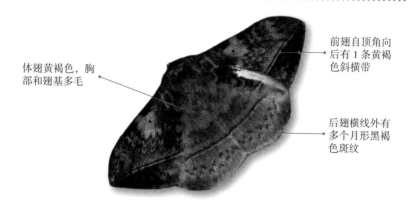

体翅黄褐色，胸部和翅基多毛

前翅自顶角向后有 1 条黄褐色斜横带

后翅横线外有多个月形黑褐色斑纹

云斑带蛾（*Apha yunnanensis*）

寄　　主	不详
中国分布	华中、华南、西南地区
拍摄信息	2015 年 11 月 9 日，海南黎母山

中型

蚕蛾科 Bombycidae

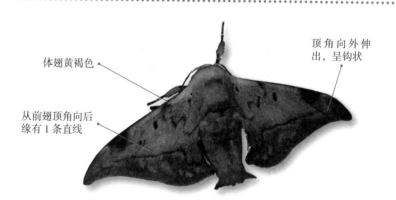

体翅黄褐色

顶角向外伸出，呈钩状

从前翅顶角向后缘有 1 条直线

一点钩翅蚕蛾（*Mustilia hepatica*）

寄　　主	构树
中国分布	华东、华南、西南地区
拍摄信息	2015 年 11 月 9 日，海南霸王岭

小型

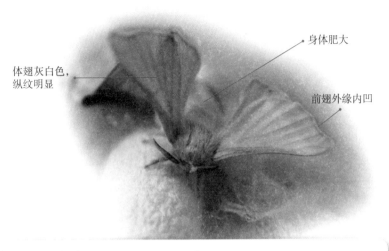

身体肥大

前翅外缘内凹

体翅灰白色，
纵纹明显

家蚕蛾（*Bombyx mori*）

寄　　主	桑
中国分布	华东、华南、西南地区
拍摄信息	2016 年 5 月 25 日，上海浦东

小中型

大蚕蛾科 Saturniidae

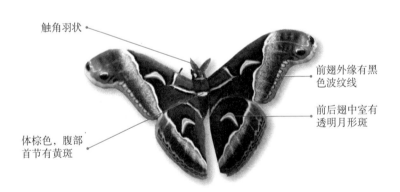

触角羽状

前翅外缘有黑
色波纹线

前后翅中室有
透明月形斑

体棕色，腹部
首节有黄斑

角斑樗蚕（*Archaeosamia watsoni*）

寄　　主	樟树、乌桕等
中国分布	华东、华南、西南地区
拍摄信息	2015 年 6 月 12 日，浙江神龙川

大型

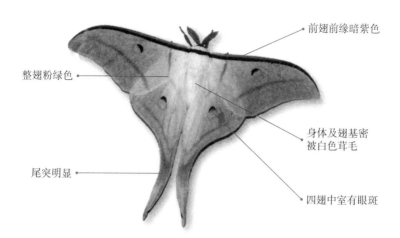

前翅前缘暗紫色

整翅粉绿色

身体及翅基密被白色茸毛

尾突明显

四翅中室有眼斑

绿尾大蚕蛾（*Actias ningpoana*）

寄　　主　枫杨、柳、栗、乌桕、木槿、樱桃、核桃、苹果等
中国分布　华中、华南、西南地区
拍摄信息　2013 年 8 月 8 日，云南元阳

大型

前后翅横带明显

前后翅中部各有 1 个月牙斑

前翅顶角外突，下方具 1 个黑斑

樗蚕蛾（*Samia cynthia*）

寄　　主　樟、臭椿、乌桕、泡桐等
中国分布　东北、华北、华东地区
拍摄信息　2015 年 7 月 16 日，浙江东天目山

大型

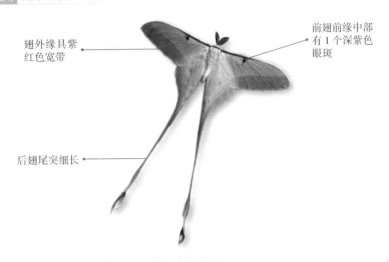

翅外缘具紫
红色宽带

前翅前缘中部
有 1 个深紫色
眼斑

后翅尾突细长

长尾大蚕蛾（*Actias dubernardi*）

寄　　主	不详
中国分布	西南、华东地区
拍摄信息	2016 年 7 月 16 日，浙江浙西大峡谷

大型

前后翅黄色

前后翅前缘各具
1 个褐色眼斑

前后翅中外缘
具黑色波纹线

藤豹大蚕蛾（*Loepa katinka*）

寄　　主	藤本植物
中国分布	华东地区
拍摄信息	2016 年 7 月 28 日，浙江浙西大峡谷

大型

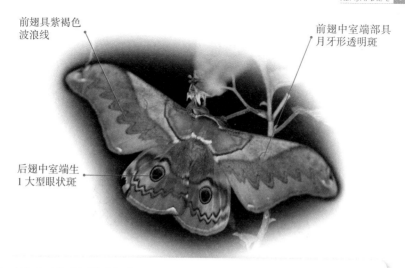

前翅具紫褐色
波浪线

前翅中室端部具
月牙形透明斑

后翅中室端生
1 大型眼状斑

银杏珠天蚕蛾（*Saturnia japonica*）

寄　　主　不详
中国分布　华东地区
拍摄信息　2016 年 10 月 6 日，浙江临安太湖源白沙村

大型

箩纹蛾科 Brahmaeidae

体翅青褐色，
前翅近后缘上
方有球状大斑

前翅顶角有
白色鱼鳞纹

前后翅后缘有
数条箩筐纹

前翅外缘有
7 个青灰色
半球形斑

青球箩纹蛾（*Brahmaea hearseyi*）

寄　　主　女贞
中国分布　华东、华南、西南地区
拍摄信息　2015 年 7 月 17 日，浙江东天目山

大型

天蛾科 Sphingidae

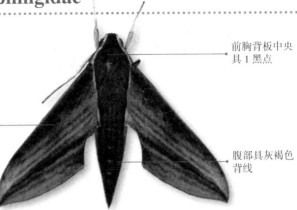

前胸背板中央
具 1 黑点

体翅黄褐色，
前翅中室处有
1 小黑点

腹部具灰褐色
背线

平背天蛾（*Cechetra minor*）

寄　　主	何首乌	
中国分布	华北、华东、华中、西南地区	**中型**
拍摄信息	2015 年 7 月 13 日，浙江东天目山	

体翅黄褐色，前
翅基部有 2 个
褐绿色圆斑

胸部两侧有墨
绿色茸毛

前翅近外缘有
1 个弓形绿色
线斑

鹰翅天蛾（*Ambulyx ochracea*）

寄　　主	核桃、槭树	
中国分布	华东、华中、华南、西南地区	**中大型**
拍摄信息	2015 年 7 月 17 日，浙江东天目山	

体翅棕褐色，头
胸两侧具白条纹

前翅近前缘有
黑色小点

白肩天蛾（*Rhagastis mongoliana*）

寄　　主	葡萄、凤仙花、乌敛莓
中国分布	华东、华中、东北、华北、华南、西南地区
拍摄信息	2016 年 10 月 6 日，浙江临安太湖源白沙村

中型

前翅黑褐色，
近外缘有黑色
波纹线

前翅中部具
白色点

绒星天蛾（*Dolbina tancrei*）

寄　　主	女贞、榛、白蜡树
中国分布	华东、东北、华北地区
拍摄信息	2015 年 7 月 10 日，浙江东天目山

中大型

体背具白色纵线

体翅茶褐色，中间具褐色横线

前翅顶角具三角形棕斑

葡萄天蛾（*Ampelophaga rubiginosa*）

寄　　主	葡萄、爬山虎、乌蔹莓等	
中国分布	华东、华中、东北、西北、华北、华南地区	**大型**
拍摄信息	2016 年 7 月 22 日，安徽休宁板桥村	

体翅桃红色，前翅中部有白点

体背具黄绿色纵带

红天蛾（*Deilephila elpenorl*）

寄　　主	凤仙花、千屈菜、葡萄、茜草、柳兰等	
中国分布	华东、东北、西北、华北、西南地区	**中大型**
拍摄信息	2016 年 7 月 7 日，浙江浙西大峡谷	

胸部具褐色背线

体翅棕褐色，
中部具深褐色
线斑

前翅有褐色
波纹线

豆天蛾（*Clanis bilineata*）

寄　　主	大豆、刺槐等	
中国分布	华东、华中、东北、西北、华北、西南地区	大型
拍摄信息	2015 年 7 月 3 日，浙江东天目山	

体翅灰绿色，前翅
中部具 1 个白点

前翅顶角有 1 个
半圆形黑斑

构月天蛾（*Parum colligata*）

寄　　主	构树、桑树等	
中国分布	华东、华中、华北、东北、华南、西南地区	中大型
拍摄信息	2015 年 10 月 3 日，海南霸王岭	

前翅具深褐色
锯齿线

翅面黄褐色，
似树皮纹

白薯天蛾（*Agrius convolvuli*）

寄　　主	牵牛花、扁豆等	
中国分布	华东、华中、华北、东北、华南、西南地区	**大型**
拍摄信息	2015 年 10 月 3 日，海南霸王岭	

胸部有宽阔的
背中线

停息时后翅露
出前翅

前翅前缘有紫
褐色盾形斑

前翅后缘波浪形

盾天蛾（*Phyllosphingia dissimilis*）

寄　　主	核桃、山核桃	
中国分布	华东、华中、华北、东北、华南、西南地区	**大型**
拍摄信息	2016 年 6 月 11 日，浙江龙王山	

胸部背面具骷
髅形斑纹

前翅外部有
白色波纹

前翅黑褐色，顶
角有茶褐色斑

鬼脸天蛾（*Acherontia lachesis*）

寄　　主　茄科、豆科、唇形科植物
中国分布　华东、华南、西南地区
拍摄信息　2015 年 6 月 12 日，浙江神龙川

大型

前翅黄褐色，
内中线深棕色

前翅后角有 1 个
圆形棕黑色斑

芒果天蛾（*Amplypterus panopus*）

寄　　主　芒果
中国分布　华南、华中、西南地区
拍摄信息　2016 年 11 月 7 日，海南什寒

大型

前翅褐绿色，翅基部有1个盾斑

腹部有白色横带

前翅顶角有1个圆形白斑

茜草白腰天蛾（*Daphnis hypothous*）

寄　　主	金鸡纳树、钩藤属植物
中国分布	华南、西南地区
拍摄信息	2016年11月6日，海南什寒

中大型

钩蛾科 Drepanidae

前后翅中部有1条连贯的白色斑

头部黑色

前翅白色，有灰色斑纹

洋麻圆钩蛾（*Cyclidia substigmaria*）

寄　　主	八角枫
中国分布	华东、华中、华南、西南地区
拍摄信息	2015年6月12日，浙江神龙川

中型

整翅黄褐色，前
翅顶角钩状突出

前后翅中部有
大块透明斑

后翅透明斑外
有褐色双线

中华大窗钩蛾（*Macrauzata maxima*）

寄　　主 樟
中国分布 华东、华中地区
拍摄信息 2016 年 6 月 10 日，浙江龙王山

中型

翅白色如绢

胸腹背黄褐色

前翅中部有黄褐
色哑铃形横带

哑铃钩蛾（*Macrocilix mysticata*）

寄　　主 不详
中国分布 华东、西南地区
拍摄信息 2014 年 7 月 11 日，浙江神龙川

小中型

体翅黄褐色，
前翅外缘弧形
内凹

前翅外缘有
1列黑色斑

前翅中部有1个
黄绿色大斑

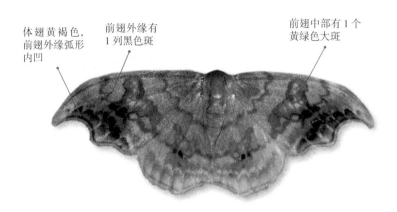

古钩蛾（*Sabra harpagula*）

寄　　主　桦、椴、栎等
中国分布　华东、华中、华北、西北、西南地区
拍摄信息　2016年4月30日，浙江神龙川

小中型

体翅黄褐色，
前翅中部有灰
白色散斑

前翅外缘有黑
色线斑

后翅中部有灰
白色散斑

栎距钩蛾（*Agnidra scabiosa*）

寄　　主　麻栎、板栗等
中国分布　华东、华中、华北、西北、西南地区
拍摄信息　2015年4月26日，浙江东天目山

小中型

波纹蛾科 Thyatiridae

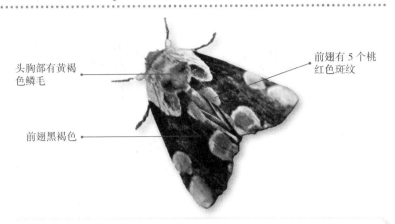

头胸部有黄褐色鳞毛

前翅有 5 个桃红色斑纹

前翅黑褐色

大斑波纹蛾（*Thyatira batis*）

寄　　主　草莓
中国分布　东北、华北、华东、华南、西南地区
拍摄信息　2014 年 5 月 27 日，海南吊罗山

小中型

前翅基部灰绿色

前翅外部茶褐色，内有波形线

华波纹蛾（*Habrosyne pyritoides*）

寄　　主　草莓
中国分布　华东、华中地区
拍摄信息　2016 年 10 月 6 日，浙江临安太湖源白沙村

小中型

燕蛾科 Uraniidae

触角丝状

前后翅中央贯穿白色长纹

翅面烟灰色

后翅有一长一短的尾突

大燕蛾（*Nyctalemon menoetius*）

寄　主	菠萝蜜
中国分布	华东、华南、华中、西南地区
拍摄信息	2014 年 5 月 27 日，海南吊罗山

大型

凤蛾科 Epicopeiidae

触角丝状

翅面灰黑色，翅脉清晰

后翅后缘有 4 个红斑

浅翅凤蛾（*Epicopeia hainesii*）

寄　主	山胡椒
中国分布	华东、华中、西南地区
拍摄信息	2016 年 7 月 27 日，浙江浙西大峡谷

中型

锚纹蛾科 Callidulidae

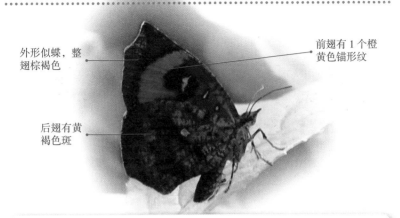

外形似蝶，整翅棕褐色

前翅有 1 个橙黄色锚形纹

后翅有黄褐色斑

锚纹蛾（*Pterodecta felderi*）

寄　　主	不详
中国分布	华东、华北、华中、东北、西南地区
拍摄信息	2016 年 7 月 18 日，浙江浙西大峡谷

小型

尺蛾科 Geometridae

翅面绿色

前后翅中室各有 1 个黑点

翅膀外缘具波浪形褐边线

前后翅外缘角具有褐色斑，内有白斑

肾纹绿尺蛾（*Comibaena procumbaria*）

寄　　主	胡枝子、茶、罗汉松、杨梅等
中国分布	华北、华东、华南、西南地区
拍摄信息	2015 年 7 月 10 日，浙江东天目山

小型

翅面白色，散布大小不一的灰色斑

胸背和翅基黄褐色

后翅中部有 1 个灰色大圆斑

黄连木尺蛾（*Culcula panterinaria*）

寄　　主	黄连木、臭椿、刺槐、榆、核桃、泡桐等
中国分布	华东、华中、华北、西北、华南、西南地区
拍摄信息	2015 年 7 月 14 日，浙江东天目山

中型

翅面粉白色，内有大小不一的灰色斑纹

腹背杏黄色

前后翅外角有大块杏黄色斑

金星垂耳尺蛾（*Pachyodes amplificata*）

寄　　主	不详
中国分布	华东、华中、西南地区
拍摄信息	2016 年 6 月 10 日，浙江龙王山

中型

翅面粉白色，前翅中部有1个大型的黄褐色眼斑

后翅中部有1个椭圆形黄褐色眼斑

前后翅外缘有成排的灰色斑

长眉眼尺蛾（*Problepsis changmei*）

寄　　主	不详
中国分布	华东、华北地区
拍摄信息	2016 年 6 月 10 日，浙江龙王山

小中型

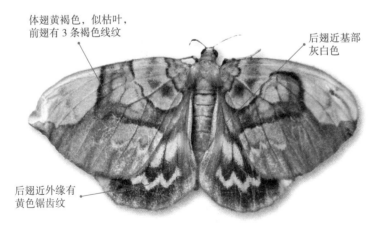

体翅黄褐色，似枯叶，前翅有 3 条褐色线纹

后翅近基部灰白色

后翅近外缘有黄色锯齿纹

中国枯叶尺蛾（*Gandaritis sinicaria*）

寄　　主	不详
中国分布	全国各地区
拍摄信息	2013 年 7 月 4 日，浙江东天目山

中型

前翅前缘黄褐色

前翅橄榄绿色，近外缘有 1 排黑色小点

后翅有黑色锯齿形横线

中国巨青尺蛾（*Limbatochlamys rothorni*）

寄　　主	不详	
中国分布	华东、华中、华南、西南、西北地区	中型
拍摄信息	2014 年 7 月 3 日，浙江神龙川	

舟蛾科 Notodontidae

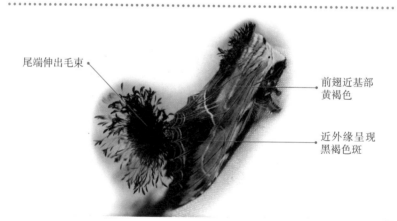

尾端伸出毛束

前翅近基部黄褐色

近外缘呈现黑褐色斑

黑蕊舟蛾（*Dudusa sphingiformis*）

寄　　主	龙眼、漆树	
中国分布	华北、华东、华中、华南、西南地区	中型
拍摄信息	2015 年 6 月 11 日，浙江神龙川	

前翅后缘有大块浅色斑,
内有 4 条横线。整体形如
卷起的枯叶

头胸部及翅
中部棕褐色

前翅近前缘有
大块浅色斑,
如大刀状

核桃美舟蛾（*Uropyia meticulodina*）

寄　　主	核桃、胡桃
中国分布	华北、东北、华东、华中、华南、西南地区
拍摄信息	2015 年 9 月 3 日，浙江浙西大峡谷

小中型

整体形如枯
木,胸部有黑
色冠状毛簇

下唇须明显前伸

前翅灰黄色,
有明显的波形
横带

槐羽舟蛾（*Pterostoma sinicum*）

寄　　主	槐、洋槐、紫藤等
中国分布	华东、华北、东北、西北地区
拍摄信息	2015 年 6 月 21 日，浙江东天目山

中型

前翅外缘有 5 个灰褐色斑，内接红色斑

前翅中线有浅褐色波形横纹

整翅黄白色，翅基有 1 个黑褐色斑

苹掌舟蛾（*Phalera flavescens*）

寄 主	苹果、杏、梨、桃、海棠等	
中国分布	全国各地区	中型
拍摄信息	2012 年 7 月 26 日，浙江清凉峰	

毒蛾科 Lymantriidae

前翅白色，密布黑色短纹

后胸背部有 1 束黑毛簇

触角栉齿状

丛毒蛾（*Locharna strigipennis*）

寄 主	肉桂、芒果	
中国分布	华东、华中、华南、西南地区	小中型
拍摄信息	2015 年 7 月 14 日，浙江东天目山	

前翅近前缘有
白斑，内有黑
色圆点

翅面棕黑色，内
有波浪形白线

腹部有多条
橙色带

芒果毒蛾（*Lymantria marginata*）

寄　　主	芒果等
中国分布	华东、华南、西北、西南地区
拍摄信息	2015 年 7 月 14 日，浙江东天目山

中型

灯蛾科 Arctiidae

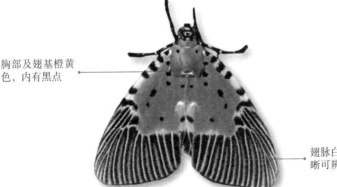

胸部及翅基橙黄
色，内有黑点

翅脉白色，清
晰可辨

圆拟灯蛾（*Peridroma orbricularis*）

寄　　主	不详
中国分布	华南地区
拍摄信息	2015 年 10 月 4 日，海南霸王岭

中型

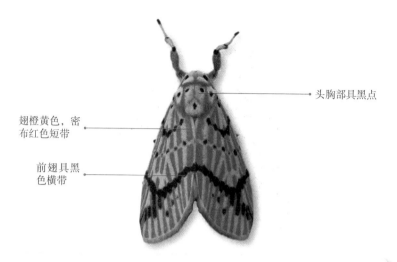

头胸部具黑点

翅橙黄色，密
布红色短带

前翅具黑
色横带

优美苔蛾（*Miltochrista striata*）

寄 主	地衣	
中国分布	华东、华北、西北、华中、华南、西南地区	小中型
拍摄信息	2012 年 7 月 20 日，浙江东天目山	

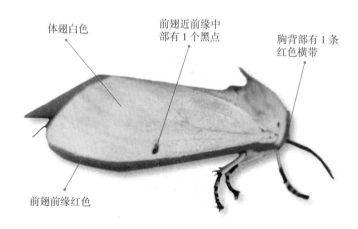

体翅白色

前翅近前缘中
部有 1 个黑点

胸背部有 1 条
红色横带

前翅前缘红色

红缘灯蛾（*Amsacta lactinea*）

寄 主	大豆、玉米、棉花、芝麻等	
中国分布	华东、华北、华中、华南、西南地区	中型
拍摄信息	2015 年 7 月 9 日，浙江东天目山	

触角丝状

前翅灰色，中部有 1 个白点

身体橙黄色，具黑色斑点

后翅橙黄色，内有黑斑

一点拟灯蛾（*Asota caricae*）

寄　　主　榕、野无花果
中国分布　华南、西南地区
拍摄信息　2014 年 5 月 27 日，海南吊罗山

中型

瘤蛾科 Nolidae

触角丝状

前翅黄绿色

中后部有大块黑褐色斑纹

内黄血斑瘤蛾（*Siglophora sanguinolenta*）

寄　　主　不详
中国分布　华东、西南地区
拍摄信息　2015 年 7 月 21 日，浙江乌岩岭

小型

鹿蛾科 Ctenuchidae

翅面黑色，有大小不一的透明斑

腹部黄色，间隔黑色环状带

红带新鹿蛾（*Caeneressa rubrozonata*）

寄　　主	不详
中国分布	华东、西南地区
拍摄信息	2015 年 6 月 26 日，浙江东天目山

小型

虎蛾科 Agaristidae

前翅顶角蓝褐色

头胸部和前翅基部褐棕色，有白色横带

前翅后角有枣红斑

艳修虎蛾（*Sarbanissa venusta*）

寄　　主	葡萄、爬山虎
中国分布	华东、华中、华北、西南地区
拍摄信息	2015 年 7 月 3 日，浙江东天目山

小中型

夜蛾科 Noctuidae

翅面橘黄色，
有不规则白斑

外缘后部有
3 个黑斑

顶角白斑内有
4 个黑斑

胡桃豹夜蛾（*Sinna extrema*）

寄　　主	胡桃、枫杨
中国分布	华东、华中、华南、西南地区
拍摄信息	2014 年 7 月 4 日，浙江神龙川

小型

翅面褐色，前翅
有 1 个大眼斑

触角丝状

中部有 1 条弧
形白色细线

翅缘锯齿状

魔目夜蛾（*Erebus crepuscularis*）

寄　　主	不详
中国分布	华东、华中、华南、西南地区
拍摄信息	2015 年 7 月 9 日，浙江东天目山

中大型

翅面白色，散布褐色线

前翅后部有1个棕色大斑

丹日明夜蛾（*Sphragifera sigillata*）

寄　　主	胡桃楸、水胡桃、千斤榆等	
中国分布	华东、华中、华北、西北、西南地区	**小中型**
拍摄信息	2015年9月4日，浙江临安太湖源东坑村	

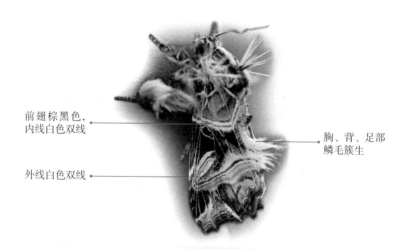

前翅棕黑色，内线白色双线

胸、背、足部鳞毛簇生

外线白色双线

红晕散纹夜蛾（*Callopistria repleta*）

寄　　主	蕨类	
中国分布	华东、华中、华北、东北、西南地区	**小中型**
拍摄信息	2015年7月7日，浙江东天目山	

后翅黑色，有
大块橙黄色斑

前翅棕黑色，
内有浅色斑

珀光裳夜蛾（*Catocala helena*）

寄　　主	不详
中国分布	华东、华中、华北、东北地区
拍摄信息	2015 年 8 月 10 日，内蒙古海拉尔

中型

头胸部具黄
褐色鳞毛

前翅灰褐色，
后部有大块金
绿色

紫金翅夜蛾（*Plusia chryson*）

寄　　主	大麻叶泽兰
中国分布	华东、华北、西北、东北地区
拍摄信息	2016 年 10 月 6 日，浙江临安太湖源白沙村

小中型

参考文献

周尧. 中国蝶类志. 郑州：河南科学技术出版社，1994.

周尧. 中国蝴蝶原色图鉴. 郑州：河南科学技术出版社，1999.

赵梅君，李利珍. 多彩的昆虫世界. 上海：上海科学普及出版社，2005.

张巍巍，李元胜. 中国昆虫生态大图鉴. 重庆：重庆大学出版社，2011.

黄灏，张巍巍. 常见蝴蝶野外识别手册. 重庆：重庆大学出版社，2008.

虞国跃. 中国蝴蝶观赏手册. 北京：化学工业出版社，2008.

顾茂彬，陈佩珍. 蝴蝶文化与鉴赏. 广州：广东科技出版社，2009.

刘宪伟，殷海生等. 中国名贵蝴蝶. 上海：上海科学技术出版社，2001.

陈志兵，朱建青. 走进身边的昆虫世界. 上海：上海科学技术出版社，2014.

王心丽. 夜幕下的昆虫. 北京：中国林业出版社，2008.

虞国跃. 北京蛾类图谱. 北京：科学出版社，2015.

杨平之. 高黎贡山蛾类图鉴. 北京：科学出版社，2016.